洞悉人性

在复杂关系中让自己活成人间清醒

乔 洁◎著

DONGXIRENXING

ZAI FUZA GUANXI ZHONG RANG ZIJI HUOCHENG RENJIAN QINGXING

文化发展出版社
Cultural Development Press

·北京·

图书在版编目（CIP）数据

洞悉人性：在复杂关系中让自己活成人间清醒 / 乔洁著. — 北京：文化发展出版社，2023.12
ISBN 978-7-5142-4168-6

Ⅰ.①洞… Ⅱ.①乔… Ⅲ.①人生哲学－通俗读物 Ⅳ.①B821-49

中国国家版本馆CIP数据核字(2023)第220446号

洞悉人性：在复杂关系中让自己活成人间清醒

乔 洁 著

出 版 人：宋 娜	
责任编辑：周 蕾	责任校对：岳智勇
责任印刷：邓辉明	封面设计：汝果儿

出版发行：文化发展出版社（北京市翠微路2号 邮编：100036）
网　　址：www.wenhuafazhan.com
经　　销：全国新华书店
印　　刷：香河县宏润印刷有限公司

开　　本：880mm×1230mm 1/32
字　　数：143千字
印　　张：7.5
版　　次：2024年1月第1版
印　　次：2024年1月第1次印刷

定　　价：49.80元
ＩＳＢＮ：978-7-5142-4168-6

◆ 如有印装质量问题，请电话联系：13910380691

FOREWORD

前 言

在这个瞬息万变的世界中,我们无时无刻不在与他人进行交流和互动。从广义上说,社交就是与他人共享信息、观点和经验的过程。然而,要想在这个过程中取得成功,一个不可或缺的因素就是对人性的深入理解。

人性,这个既复杂又多变的主题,是我们理解和预测他人行为的关键。

人性的奥秘如同夜空中的星辰,既深邃又遥远。但正是这些星辰,不断引导我们向上,让我们了解真实的自我,以及我们在别人眼中的模样——别人如何影响我们,我们如何影响别人;社交中的行为、情感和决策是如何产生的?这些都是我们在洞悉人性过程中需要解答的问题。

只有当我们深入了解人性的各种表现形式和内在动力时,才能真正掌握有效的社交技巧。我们既可以通过观察他人的行为和反应来理解他们,同时也可以通过反思自己的行为和反应来更好地理解自己。这样,我们就可以更妥当地处理各种社交情境,达到更好的交流和互动效果。

这些个性和情感像一幅画，纵横交错，色彩斑斓。从欢喜到悲伤，从爱到恨，从善良到自私，这些情感的流露都构成了人性的丰富多彩。

人性洞悉，就是对人类行为、信仰、价值观以及情感反应的深入理解。这种理解不仅有助于我们更好地预测和引导人类行为，还可为社会政策的制定和实施提供可靠的依据。从经济学的角度来看，对人性洞悉能够揭示消费行为和市场动态的规律；在政治领域，对人性理解有助于构建更为公正和平等的社会制度。

在《洞悉人性》这本书中，我们将探讨人性洞悉方面的独特视角和方法。本书以人类心理及行为的研究为基础，综合了心理学、社会学、博弈学等多个领域的知识，为读者全面揭示人性的多样性和复杂性。同时，本书还通过丰富的案例和深入的分析，帮助读者更好地理解和掌握人性洞悉的理论与方法。

我们希望这本书能够为所有对人性研究感兴趣的读者提供有价值的参考和启示。无论你是社会精英、学生，还是对人性深感兴趣的普通读者，这本书都会为你提供不少洞悉人性的新思路和新方法。当然，由于人性的复杂性和多维度性，这本书并不能完全揭示其所有秘密。我们期待你在阅读的过程中，能够与我们一起探讨和深化对人性洞悉的理解。

CONTENTS

目 录

第一章　究竟是什么，让你在关系中战战兢兢

怕生是人性的特征，也是人性的弱点　/ 002
每一个怯场者，都有一种致命的心理模式　/ 006
如何弱化人性排斥，对陌生人打破心理隔阂　/ 011
现行规则下，究竟该古道热肠还是漠不关情　/ 015

第二章　学会向内检省，解决无法逃避的人性难题

自私是天性，太自私便是心病　/ 020
孤独感，往往都是过分防御造成的　/ 024
要把自己当回事，但也不能太当回事　/ 029
不如不争，没有人可以在争辩中获胜　/ 033
管好自己的嘴巴，是别人喜欢的社交礼仪　/ 037
忘乎所以的自我表现，是插在别人心里的针尖　/ 041
世事洞明是学问，人性练达如文章　/ 045

第三章　移情与认同，使关系日益浓厚的基本认证

做任何事情之前，先考虑对方的心理感受　/ 050
学会用同理心倾听，才能够亲密对话　/ 054
相似性原则：原来我们是同一类人啊　/ 059
再好的关系，也要注意分寸与距离　/ 063
所谓吸引力，就是满足对方的认同心理　/ 068

第四章　所谓精准沟通，就是你说的话正好他爱听

说对话，比能说会道更重要　/ 074
有个性的语言，才更符合人们的审美观　/ 078
什么是精彩谈资？就是他喜欢的事情　/ 082
把话说率真，不如把话说好听　/ 086
说话有趣的人，别人看着就高级　/ 090
失意人面前，不说得意的话　/ 095
抛出一个问题，制造共同谈趣　/ 099

第五章　吸引的本质：你要努力为别人提供愉悦感

如何让萍水相逢，质变出怦然心动　/ 104
中国式礼仪，是必须重视的问题　/ 109
拥有独特的标识，别人的印象才牢靠　/ 113
热情——令人无法抗拒的魅力　/ 117
想要关系玲珑，就绝少不了热情　/ 122
知道怎么笑的人，走到哪里都有感染力　/ 126
最吸引人的永远是——未完待续　/ 130

第六章　人性的运用：把迎合做成一件得心应手的事情

真巧，咱俩的兴趣竟然是一样的　/ 136
知道怎么联系，慢慢也就有了关系　/ 140
在不同的人物面前，善于使用不同的语言　/ 145
把自己放低点，别人反而会把你抬高些　/ 150
会捧哏的人，同样是舞台的主角　/ 155
打破传统说服，诱导式的步步为赢　/ 159

第七章　非常规礼节：不犯人情忌讳，才能活成人间清醒

把糊涂变成艺术，大家相处才舒服　/ 166
看破不说破，朋友还能做　/ 171
就算不同意，也要照顾对方的情绪　/ 175
社交不尴尬，全靠场面话　/ 179
小心点，别又戳到别人隐藏的痛点　/ 183
最愚蠢的糊涂，就是哪壶不开提哪壶　/ 188

第八章　洞悉人性规则，影响你想影响的人

获取关系的前提，是让人感受到你的真诚　/ 194
有了悬念，对方会自己为你找话题　/ 198
即使对方犯了错误，也要让他自己领悟　/ 202
让对方认定，这是他自己的主张　/ 206
话题再"热"，不如情绪热烈　/ 211

第九章　规避人性风险，做个聪明的善良人

不是所有的笑，都在向你示好　/ 216
他说为你好，未必真的为你好　/ 220
熟人最保险？也可能最危险　/ 224
一口一个称赞，小心糖衣炮弹　/ 228

第一章

究竟是什么，让你在关系中战战兢兢

怕生是人性的特征，也是人性的弱点

前几日，课堂上来了一批新学员，一位 20 多岁的小伙子令我印象深刻，他叫浩明。在我的印象中，如今的"90 后"朝气蓬勃，个性自我，身上带着满满的正能量，但浩明却是一个例外。他非常腼腆害羞，总是一个人安静地坐在教室后排，既不会主动和人说话，也不会举手回答问题。

"让每一位学员在我的课堂上都有所收获"，是我事业追求的方向，于是我主动和浩明攀谈起来，但很快就发现，他说话时眼神总是躲闪，不敢和别人对视，经常采用搓手、挠头、抿嘴等小动作掩饰自己的内心。

"你这人很怕生。"我直指问题所在。

浩明的眼睛亮了一下，犹豫了几秒，才小声地说道："老师，我是一个腼腆害羞的人，很怕生，又敏感，见到不熟悉的人不知道该说什么，也不知道该如何相处。就算对方主动和我交往，我也会特意疏远，宁愿自己一个人待着。这让我的生活和社交一团糟,我很苦恼,该怎么办呢?"

其实,有这类困扰的人不在少数,同时这种情况也是一种常态。

怕生的人一般属于内向性格,大多腼腆,不爱说话,不善于和人打交道,更喜欢独处,看上去会有一种"冷冷的矜持"。而这类人其实在人群中占到 $1/3 \sim 1/2$,也就是说,每两三个人中间就会有一个人是腼腆并敏感的。之所以我们平时看不出来,是因为很多人有意装出一副十分健谈的样子。

进一步说,怕生一部分与我们的个性有关,但说到底是一种自我保护的天性。面对陌生人和陌生环境,我们的防备心理会明显提高,也不会轻易地表现自己。所以,如果你觉得自己或多或少地有些怕生,也不需要太过担心,毕竟有那么多人陪着你"怕生"。可是这仍会让人苦恼,毕竟每个人都希望自己成为一个受欢迎的人,每个人也需要借助交际的力量达到理想的生活状态。

据我观察,有些人的"怕生"已经变成一种病,你有没有听说过"社交恐惧症"?这类患者主要表现为对社交场合和人际接触的过分担心、紧张和害怕。其实,这不是他们的本意,他们也知道害怕是过分、不应该或不合理的,但仍然有一种无法自处的窘迫,极少有战胜胆怯的时候。与这类人交际,常常会陷入沉默和隔阂之中,你能显而易见地感受到他的不自在,浩明就是其中之一。

如果是这种情况,你就不能掉以轻心了,有必要采取一些有针对性的"治愈"措施。

其实，正值青春期的时候，我一度也很怕生，但凡到了陌生的环境，面对陌生的人，我的手脚就不知道往哪里放，就连说话都会结结巴巴。结果我发现，别人都不怎么喜欢我，甚至对我不怎么耐烦。是啊，每个人的时间和精力都是宝贵的，为什么要和讲话都讲不利索的人一起共事？但现在，我可以在众人面前侃侃而谈，在公众场合进行演讲，还会经常在几千人的会场讲授我的课程。

那么，我是如何做到的呢？改变，源自我的高中时期。

我曾经作为赴美高中交换生在美国学习交流过一年。

刚到美国时，我感到非常不适应，因为美国的教学方式是：教师提前布置作业，要求学生针对某一话题发表演讲，课堂一开始就会请学生上台发言，而其他学生随时准备质疑与发难。小组讨论，轮流发言，这都是由学生自己来完成的，而习惯了认真听讲、被动记录的我，完全不能适应。

小组讨论时，我总是默默地坐在一边倾听，从不敢主动举手发言。

生活中，同学们经常组织各种社交活动，而我只想拥有属于自己的时间。

后来，莉娜老师告诉我："没有人会主动发现你，除非你主动表现自己。"

于是，我开始调整自己的行为模式，改变自己的状态。每天早晨，我都会对着镜子练习说话，把自己当成一个陌生人；要求自己每月参加一次社交聚会，并与陌生人主动攀谈；业余时间，我开始阅读相关书籍，参加培训班，努力学习并刻意练习社交和沟通技巧。不到半年的时间，我已经成为小组讨论中最活跃的一员，成为那个在人群中侃侃而谈的人，即便再多陌生人，也不畏惧。

一名高中生的自我拯救，对你是否有触动呢？

美国前总统罗斯福的夫人说过这样一段话："我们大部分人都像茶包，不在热水里，我们都不知道原来自己这么有能力。"

想要自己不再"怕生"，就要全力以赴地锻炼自己的能力。当你真的全神贯注于此，你想要的一切终究会到来。

每一个怯场者，都有一种致命的心理模式

站在大庭广众面前，心里莫名地紧张，有一种喘不过气的压抑感；明明有很多想法和意见，但关键时刻脑子一片空白，表达不出来或者不敢表达；去参加面试，本来很自信，但是中途因为种种害怕而放弃；等等。扪心自问，你是否曾经或者正在遭遇这样的折磨？在一堂演讲培训课上，我邀请学员们轮流上台进行自我介绍。轮到一个叫曼妮的女士时，她刚一站到台前，脸上瞬间就变得红扑扑的，一张嘴，说话的声音很小，而且听起来有些颤抖，"大家……家……好，我……我叫……"我注意到，她的手也在微微地发抖，还不时地拽一下自己的衣角。

我微笑着，用鼓励的眼光望着曼妮，她一连做了好几个深呼吸，脸色才恢复了正常，并接着说道："我叫曼妮，说实话，我现在非常紧张，身体在发抖，脑中一片空白……"

我点点头，示意曼妮继续讲下去。

"一直以来，我都不敢站在台上，不管是唱歌、跳舞，或是其

他的,"曼妮的神情很黯淡,眼睛也变得潮湿起来,"但是熟悉我的人都知道,私下里的我个性活泼,想法很多,口才也不错。我不明白为什么站在人前我会这样失态。这个问题一直困扰着我,但是尝试了好多方法,都解决不了。"

"其实,最初我来参加这个培训也是有些犹豫的,"曼妮继续说道,"但是我想如果自己一辈子不肯迈脚去改变,那么我将错过很多次展示自己的机会,所以我不能放弃,这便是我今天站在这儿最大的意义。"

很荣幸,曼妮对我如此信任,为了回报她,我对她做了一番认真分析。

曼妮的问题究竟出在哪里?其实,这是一种怯场,说白了就是害怕面对一些不敢去面对的东西。这可能与个人性格有关,可能来自个人经历,这些无关紧要。现在,你必须认识到,缺乏当众表现自己的勇气,在关键时刻镇不住场,即便你再优秀,能力再出众,想法再独特,也无济于事。

我身边就有一位优秀的推销员,销售能力非常好,对所经销的产品十分精通,但出人意料的是,他总会在最后正式签合同的紧要关头突然紧张害怕起来,不少生意就这么"黄"了。

在公开场合,你体验过那种心跳加速、面红耳赤的感觉吗?

往往每一个怯场的人都以为怯场的只有自己,以为别人并不怯场,总是在想:"为什么只有我会这样呢?"其实,怯场并非某个人的特有现象,而是许多人都如此。事实上,许多人在公众场合都存在恐惧心理。如果有谁不论在何种场合都毫无气色变化，心脏的跳动也完全没有变化，那才是异常。

看到这里，有人或许要质疑我的说法，并指出电视上那些优秀的主持人、演员们潇洒大方、表达自如，完全没有怯场。告诉你，其实他们并非如我们想象的那样应付自如，他们也常常怯场，只不过善于及时地自我调节罢了。比如，一位著名的日本演员临近拍片时就想上厕所，甚至一去就是半个小时。美国某位播音员，每临播音都要先洗一次澡，若不这样，播音时就不能镇定自若。

在大庭广众面前表现自如，这对每个人来说都是一项有难度的挑战。但好在怯场这一社交障碍是可以克服的，下面我就向大家推荐一些行之有效的方法。

采用积极的心理暗示

我的同学程毅凭借出众的专业能力，坐上了跨国公司高管的位置。从一个基层默默无闻的技术工，突然荣升为人前风光的管理者，每天对着上百人发号施令，这对程毅来说是一项不小的挑战。他没有把握，感到紧张害怕，但是他假装自己很自信，假装自己有能力做好。经年累月，他渐渐地变得真的自信起来，也不惧面对大众。

很多时候，我们怯场是因为内心不相信自己。想要做到不怯场，就要勇敢地面对自己的恐惧，并从内心肯定和相信自己，为自己打造一个安全世界。"你很棒！相信自己！""你会做得很好，加油！"……积极的心理暗示，虽是一个老生常谈的话题，但是它真的很管用。永远记住，胜利来自勇气。

抓住每次当众表现的机会

和某些恐惧心理一样，面对怯场，唯一的办法，如同婴儿开始走第一步，重要的是迈出去。寻找每一个当众表现的机会，多多加以训练，不但可以提高你的自信心，而且可以积累丰富的经验。如何做到这一点呢？我的建议是，在单位会议上，要勇敢地发表自己的观点和意见；在聚会上，勇于站出来表达内心的想法或是抒发内心的感情。即使是几个朋友闲聊，也要寻找当众表现的机会。

你无须害怕自己会出错

为什么我明明懂很多的沟通和交际技巧，却还是不敢当众表现自己呢？想一想，是不是因为你害怕出丑，害怕失败，害怕被取笑？每个人的内心都害怕自己出错，尤其是在众人面前出错，将会是一场毕生难忘的噩梦。其实，很多经历过在关键时刻怯场的人都太过于以自我为中心了，而你往往没有那么重要。

比如，你在大街上当众不小心摔了一跤，惹得路人哈哈大笑。你当时一定感到非常尴尬，认为全天下的人都在盯着你，看你的笑话。但是，如果你站在别人的角度考虑一下，就会发现，其实

009

这件事只是他们生活中的一个小插曲，有时甚至连插曲都算不上，他们顶多哈哈一笑，然后就把这件事忘记了。

所以，你无须害怕自己会出错，把关注点放在你想要表现的内容上即可。

提前做好准备是关键

提前做好准备是不怯场的关键，这是我多年来所采用的重要方法。

有一次，我参加一场非常重要的演讲。当我走上讲台，突然发现原本写好的 PPT 被助手不小心放成精华版，那些详细的内容都没有了，但我依旧泰然自若地讲了半个多小时，内容逻辑分明，衔接自然，全场没有一个人听出问题。这一切都是因为我已经将演讲稿研读了上百遍，早已烂熟于心。

如果你时常怯场，不敢当众表达自己，却又想尝试突破，不如将自己想讲的内容写下来，反复研读。当然，你不必逐字逐句地背诵，只需将内容做到非常熟悉，记住开头的两三句话，或者前几分钟就可以了。往往只要有一个顺利的开头，你就能平复内心紧张的情绪，进而自然流畅地说完所有内容。

如果你有怯场的困惑又亟待解决，不妨按照以上方法试一试。即便开始时比较艰难，但在多次尝试后也会熟能生巧。相信，总有一天你会惊讶于自己的进步，在任何场合都能镇定自若，进而让机遇的天平倾向你。

如何弱化人性排斥，对陌生人打破心理隔阂

今年 23 岁的苏仟，即将大学毕业，她的担心与忧虑却越来越重。这一切源自父母的再三叮嘱："社会和学校不一样，有人会利用你，更有人会伤害你。""逢人只说三分话，不可全抛一片心，防人之心不可无"……这让苏仟从心里认定陌生人是危险的，会伤害自己，于是她一见到陌生人，就会不由自主地感到恐惧。为此，她几次求职均受挫，一直打不开自己的交际圈……

一次，在前往应聘的路上，苏仟要转乘公交车，谁知身上带的零钱却不够，这时一位陌生的男孩给她垫付了。那个男孩长得清秀，笑起来的样子很好看，苏仟颇有好感。但当男孩微笑着询问苏仟的手机号码时，苏仟第一时间想到的是对方应该是个骗子，顿时产生厌恶感，一段刚刚萌芽的感情，就这样不了了之。

不和陌生人打交道，虽然这样的苏仟在哪里都比较安全，但在夜深人静的时候，她总是觉得迷茫不已，毕业后将面对一个完全陌生的世界，自己真的准备好了吗？

苏仟的例子并不是个例。据我观察，相当多的人认为陌生可能会带来不确定性，带来危险，对陌生人有着很强的防范之心。这固然有一定的好处，但我认为对陌生人一概敬而远之也是有失偏颇的，心存恶意的陌生人我们自然要防范，但大多数陌生人是友善的，正常的交往还是有必要的。

朋友是如何发展而来的？细想之下，我们会发现，所有的朋友都是由不认识变为认识的，都是由陌生人变成熟人的。将陌生人拒之门外，就有可能拒绝一个可能的朋友。俗话说"多个朋友多条路"，要想扩大自己的社交圈，我们就需要消除对陌生人的恐惧心理，勇敢地对陌生人敞开心扉。

其实，陌生人和我们并没有什么不同。陌生人也是人，没有什么可怕的。在陌生人眼里，我们也是陌生人。而我们之所以对陌生人会有恐惧心理，是因为对他们一无所知，他们不在自己的掌控范围内。如果一方表现出友善的态度，把对方当作与自己一样的普通人看待，这种芥蒂是可以很快消失的。

而且，你会发现，和陌生人交往的时候，反而更容易释放自我，简单快速地互动可以增进彼此的距离，形成一种短暂亲密的感觉。我知道这听起来有点不可思议，怎么可能与陌生人感觉亲密呢？但每个人的内心深处都渴望被看到，渴望被关注，也渴望与他人交流，而陌生人之间通过眼神和语言的简短交流，就能传达很多信息，其中很重要的一点就是——"我看到你了"。

曾经有一段时间，我痴迷于跟陌生人交流，比如坐车时会和同程的乘客寒暄几句，和社区的清洁工阿姨问候一声，也会主动向一些陌生人伸出援手。

此时，儿子都会好奇地问："你认识他们吗？你们是朋友吗？"

我回答："不是，我们不认识。"

大概五年前，为了弄清楚我喜欢和陌生人交流的原因，我开始记录与陌生人交流的经验，结果发现，跟陌生人交流不只是打个招呼那么简单，那是一种开放的心态，而且在交流的过程中，会体会到跟熟人交流所不能得到的乐趣。与他人建立特别的情感连接，有时你甚至觉得那是释放自己的时刻。

比如有一天，我加班到晚上十点钟，浑身没有力气再开车，便准备到街头打一辆出租车。冬天的夜晚格外寒冷，我拖着疲惫的身子尽快加快速度。突然一个趔趄，我便摔倒在了冰冷的雪地上，寒冷和疼痛使我无法站立起来。

就在这时，一位正在打扫街道的大伯注意到了我，一只宽厚的手伸了过来："来，我拉你起来。"借助这只手的力量，我马上站了起来。之后，他还帮我拦到一辆出租车，看到我上了车，他笑了一下便走远了……

就是这样一位陌生人，让我感受到了冬日的温暖。当时我感觉幸福极了，就是因为这份来自陌生人的善意关怀。时至今日，我依然可以感受到那份温暖。

在参加各种行业聚会时，我有时会故意和不认识的人同席。因为我发现，和这些之前不了解的人交谈，经常会有不一样的收获，比如了解到不曾知道的信息，认识一个全新的领域，甚至达成深入的合作。认识一个人，打开一扇门，每一个人都有可能成为我们思想的启发者、智慧的提升者。

从零开始的短暂互动经历，到心相知的结伴同行，这种奇妙的体验非常有意思。当然，我不是一味鼓吹这种好处，只是觉得交际不但需要熟人，也需要陌生人，才够完整。

打破与陌生人的"心理隔阂"，往往只需一个小小的行动。

试着对擦肩而过的陌生人，微笑着说一声"你好"。

陌生人问路时，给予善意的指点。等车或坐车时，和旁边的人说些什么。……如果把生命比作一粒花种，它的意义应该是：利用所有养料努力使自己开花结果。

现行规则下，究竟该古道热肠还是漠不关情

回顾这些年，我先后接触过无数朋友，说来也奇怪，不少人经常说自己不快乐很孤独，就连我羡慕的那些成功人士也是如此。忙碌的我们越来越不快乐，忧郁和孤独不断充斥着生活，这一切究竟是怎么回事呢？

直到后来，我和一位资深的心理学家深聊，对方告诉我："从业这些年，我接触了许多类型的心理病人，有人甚至会反反复复很多年。但这些病人中，大约1/3都不是真的有病，而是由于他们只在乎自己的得与失，对周围的一切表现出冷淡、怠惰、不在乎、无所谓的态度。"

可见，人心冷漠的世界里，每个人都无处可逃。

明白了这点后，在课堂上，我不仅专注于学员的个人发展，也开始注重打造一个"乌托邦"的世界。比如，我提倡大家用"真诚和坦诚"表现和表达自己，也用"敬畏和慈悲"体会别人的真实，悦纳对方，给予别人帮助和温暖，目的在于增进学员间的互助友

爱，化解因不熟悉而产生的距离感，让这个温暖的大家庭充满活力和热情，提升成员间的默契度，营造一种积极向上的氛围。

人际交往也是一样。太多的人只想从别人身上得到些什么，而不愿意自己先付出些什么，因为担心被辜负、受伤害。殊不知，真正的感情永远是付出，而不是索取。当你变得越来越有情有爱时，什么都会变得温暖，变得真实，你的世界也会变得越来越温柔，终会冲破一切黑暗和荆棘。

人际中什么最难得，不是别的什么，其实就是一份真心。

说起自己年轻的时候，我的一位表姑如是说——"那是一段最痛苦的日子，那时候我脾气暴躁，经常因为一点小事斤斤计较，跟人吵架。别人对不起我，我就算不睚眦必报，也肯定不会大度地原谅对方。这让我一度很痛苦，人缘也差。为什么大家都不喜欢我？当时我的想法是，大家都是俗人罢了。"

表姑耸了耸肩，继续说道，"后来如你所知，你表姑父去世了，你表姐也远嫁了。我和邻里之间的关系一直不好，整天一个人待在家里。被悲伤和自怜的感情所包围，久而久之，整个人身心状态特别不好，就连平时最喜欢的小花园都荒废了。直到一天，我看到镜子里的自己好像七八十岁一样……"

"我决定改变这种生活状况，可是一个50岁的女人能做些什么呢？"表姑停顿了一会儿，接着往下说，"我想了一整夜，终于想到一个主意。我开始修整花园，撒下种子，施肥灌水。在一番精心照料下，花园里很快就开出了鲜艳的花朵。从此，我每隔几天便将亲手栽种的鲜花送给邻里，结果换来一声声感谢。我这才发现，原来我讨厌的那些人也很可爱，后来我的孤独感渐渐消失了。"

如今，表姑说话和气有礼，待人友善真诚，成为社区最受欢迎的阿姨。每天傍晚，都能看到她和一群阿姨在公园里跳广场舞，她看上去总是开开心心的，心态特别年轻，好像已经把幸福握在了手中。

表姑为什么会发生如此巨大的转变？就在于她对待别人的态度发生了转变，给予让她体验到了自身价值和能力的发挥，从中感受到了快乐。

这个世界没有那么糟糕，生活就像一场重感冒，我们都在等待一场治愈。

你有没有看过一则叫《有人偷偷爱着你》的广告？故事的前半段让人觉得这个世界很残酷、很无情，可后半段却让人感觉到这个世界满满的爱意。你哭泣时，他人给予安慰；你无助时，他人伸出援手……爱与善良，其实常驻身边，只因有时它太过细小，小到你不以为然，小到你察觉不到。

人生不如意事，十之八九。有时候，我们难免会对某个人、某件事心生抱怨，觉得事事不顺心，总觉得有人是在跟自己作对，是在坑害自己。其实，有时候只是我们内心被一些不好的念头给蒙蔽了。与其一味地抱怨冷漠，不如先拿出自己的温情，给予才是最好的交流。

洞悉人性
在复杂关系中让自己活成人间清醒

看到这里，有人可能要质疑，如果我遇到真正的恶人也要如此吗？诚然，这个世界上的人形形色色，难免会遇到一些恶人或是人渣，但这不能成为我们作恶的借口。如果因为恐惧而时时刻刻对别人小心提防，或者单纯为了报复做出有违自己原则的事情，我们的人生得灰暗到什么地步？

不论怎样，生活在这个世界上，我们都会遇到善意与不善意，但只要我们能够坚守自己的一份真心和善良，自己就将会变得无比强大。只要用一份真心去对待这个世界，也将收获大片的温暖和爱意。我始终相信，这个世界本可以很温暖，也可以更温暖。希望此刻的你，也能如此。

第二章

学会向内检省，解决无法逃避的人性难题

自私是天性，太自私便是心病

在这个世界上，两种人最讨厌：一种是没有自我的人，这样的人就好像傀儡一样，他们的灵魂是不完整的，就像工厂批量生产的劣质商品，没有任何吸引人的闪光点；另一种则是极度自私的人，这样的人只会索取，却不懂付出，只会埋怨，却从不自省。

与缺乏自我的人在一起，你只会感到无聊乏味，从他身上找不到任何鲜活的痕迹、任何值得记忆的地方；而与自私自利的人在一起，你会感到疲惫与痛苦，无法从他的身上获得任何慰藉。不管你付出多少，都无法得到对方真心的感激，因为在他看来，这一切都是理所应当的。

舒丹是个特别乖巧、温柔的女孩子，从小因为身体不太好，家人对她的照料不免有些过分小心，管束也十分严格，以至于把她原本就比较绵软的个性养得更加绵软了。

按理来说，像舒丹这样的女孩子应该特别容易激起男性的保护欲，但奇怪的是，她的情路却不像大家以为的那样顺利。事实上，舒丹身边的追求者并不少，但不知道为什么，她的每一段恋爱持续时间都特别短，那些苦苦追求她的人，总是在和她确定恋爱关系之后不久就提出分手，可舒丹根本就不明白自己究竟做错了什么。

直到上一次，一年内第三次被甩之后，舒丹终于怒气冲冲地揪着刚成为前任的男友，质问他到底为什么要分手。前男友犹豫很久之后才吞吞吐吐地坦承道："我觉得你实在是太听话了，叫你往东，你就不会往西，叫你坐着，你就不会躺下。问你想吃什么，你老是说听我的，问你想玩什么，你也总是让我去决定。有时候我都感觉，我这是在跟我自己的分身谈恋爱……"

在没有利益牵扯的情况下，我们之所以会想主动地接近一个人，认识一个人，必定是被这个人身上的某种特质所吸引。可能是美丽的容貌，可能是姣好的身材，可能是渊博的学识，也可能是独特的个性，这些都是人格魅力的根源所在。而一个缺乏自我的人是没有任何魅力的，这样的人就像没有生命的摆件一样，即便有着精致华美的外表，在被把玩厌倦之后，也只会被人抛诸脑后，弃之如敝屣。

缺乏自我的人不讨喜，而那些过分以自我为中心、自私自利的人就更加令人反感了。毕竟一个人缺乏自我，你和他在一起顶多感到索然无味，但如果一个人自私透顶，那么你和他在一起，就得随时担心他做出些损人利己的事情。

在很久之前，我是没有晚上睡觉关闭手机的习惯的，如今之所以养成这样的习惯，还是拜我以前的一位朋友陈辉所赐。

陈辉是我大学时候的舍友，毕业之后虽然去了不同的城市发展，但我们一直保持着友好的联系，偶尔也会向对方倾吐自己在工作和生活上的一些烦恼。

有一段时间，陈辉过得不是很如意，工作因上司的打压而时常出错，恋情也因女友的前男友介入而走向终结。那段时期，陈辉过得很是低迷，几乎每天都沉醉在酒精里不可自拔，每每喝得烂醉如泥时就会给我打电话，把自己的痛苦和对前女友复杂的爱恨倾诉一遍。那段日子，我几乎已经成了陈辉的"情绪垃圾桶"。

陈辉打电话似乎从来不会考虑时间，好几次我都是在凌晨两三点的时候被电话吵醒的，有时心里很气，但一听到电话那头传来的陈辉痛苦而沮丧的声音，我便只能把火压下去，然后不断地告诉自己：我应该学会体谅朋友，他现在很痛苦，他需要我。

事实上，一直以来，我都是个乐于为朋友付出的人。我觉得那是一种责任，也是一种使命。所谓朋友，不就是用来相互依靠的伙伴吗？而在陪伴陈辉度过那段不愉快的时光之后，我一直觉得，我和他之间的距离似乎拉近了不少，彼此之间的关系也更加亲密了。

有一次，我和几个伙伴一起投资了一个小项目，倾注了很多心血，在努力有所回报的那一刻，我几乎都乐疯了。那天，我们一起去酒吧庆祝，偶然瞥到放在桌子上的手机时，在酒精的催化作用下，我突然生出给陈辉打个电话的想法，和他分享一下这种喜悦的心情。当时已经凌晨一点多了，如果是平时，我是绝对不会在这个时间打电话去扰人清梦的，但是那天我实在是很兴奋，加之我早已将他划入"好兄弟"的阵营，于是便将这个分享喜悦的电话毫不犹豫地拨了出去。

结果，我还没来得及开口分享我的快乐，电话那头就传来陈辉略带恼怨的声音，冷硬地提醒我现在已经很晚了，而我的电话打扰了他的休息。

那件事发生之后，我几乎没有再主动联系过陈辉，并逐渐养成睡前关闭手机的习惯。我想在很长一段时间里，大概都不会再心甘情愿地让谁打扰我的睡眠时间了吧。

我依然乐意为朋友付出，但相应地，我也希望能够从我的朋友那里获得相应的反馈。人与人之间想要维系长久的关系，是需要双方的共同努力和共同付出的，只有付出与收获达成一个基本平衡，这段关系才可能长久地发展下去。一味地索取或一味地付出都不可能长久，毕竟人可能傻一时，却不会一辈子都那么傻。所以，不想做一个无趣的、毫无魅力的人，那就努力活出自我；不想成为人人避之不及的"讨债鬼"，那就学会分享和付出。懂得活出自我是成长，而学会放下自己则是成熟。

孤独感，往往都是过分防御造成的

很多学员问过我这样一个问题：为什么人年纪越大，认识的人越多，却越发感到孤独？

你大概也有过这样的体验吧——想要找人谈谈心，可拿起电话，翻遍了通信录，也不知该打给谁；想要出去透透气，可想来想去，实在不知该如何分配那些孤独而无聊的时间；在人前似乎和谁都能打成一片，在人后却又仿佛跟谁都没法聊到一块儿；每个人都以为你的生活夜夜笙歌，却无人知晓你每个夜晚的孤枕难眠……

在这个网络时代，距离已经不再是人们的困扰，哪怕相隔千里，我们也可以随时通过网络与人进行"面对面"的交谈；哪怕安坐家中，我们也可以随时了解千里之外发生的事情。然而，奇怪的是，人与人之间的距离却并非越来越近，反而似乎越来越远了。很多人看似总有很多的社交活动，动动手指头就能找来一票陪他吃饭、唱歌、打球的朋友，但不管日子过得多么热闹，心里的孤独感却始终挥之不去，仿佛热闹只是别人的，而自己就像一个旁观者，永远也无法真正融入人群，与孤独如影随形。为什么我们会越来越孤独？

从心理学方面来说，人之所以会产生孤独感，是因为没有获得足够让自己满意的社会联结，从而产生不舒服的情绪体验。我们知道，人类是群居动物，对群体有着非常强烈的依赖性，当我们感觉自己被别人排除在外，无法真正融入群体的时候，就会因为心理上的依赖感得不到满足而陷入一种不好的情绪，孤独感就是这样产生的。

孤独与孤单不同，孤独是人的一种主观心理状态，而孤单则是一个客观存在的事实。比如，一个人很孤单，只要有人陪伴在他身边，这种孤单的状态就会被消除，但这个人心中的孤独感却未必会因为有别人的陪伴而减少或者消失。所以我们说，孤独的人未必是孤单的，而孤单的人也未必都会觉得孤独。

我们之所以会产生孤独感，不是因为身边没有人陪伴，也不是因为缺乏交朋友的能力，而是因为我们心中没有归属感。什么是归属感呢？心理学上是这么定义的：归属感是一种人希望被接纳为一段关系或群体的一部分的情感需求，人们渴望能够在一段关系或一个群体中作为真实的自己受到肯定和重视。

注意这里的一个关键词——真实的自己。

通常来说，在小孩子身上，孤独与孤单的界限并不明显。对很多小孩子来说，只要有人陪伴，往往就不会觉得孤独。但随着年龄的增长，这种界限就会变得越来越明显，直至两种状态完全分离。

这其实并不奇怪。年纪小的时候，我们还不曾学会掩饰与伪装，总是轻易地就把真实的自己展露出来。高兴了就笑，不高兴了就哭，生气了就骂，喜欢了就抢——这样真实而鲜活的我们，完全暴露于人前。所以，当我们以这种真实的姿态与别人发展出一段关系或加入一个群体的时候，对我们来说，这个人或群体所接纳确实是真实的我们，这是一种真实的肯定与重视，能够很好地满足我们的归属感。

但随着年龄的增长，在成长的过程中，我们逐渐学会了伪装，或许是为了取悦别人，或许是为了得到某种好处，我们开始学会给自己戴上一层层面具，在父母、老师、同学、朋友、邻居、同事甚至整个社会面前，制造出一个个虚幻的形象，用来遮掩我们内心最真实的自己。在这样的状况下，我们无论发展出多少关系，能够加入多少群体，对于我们来说，这些人或群体所接纳的，都只是我们特意呈现在他们眼前的样子。换言之，能够获得他们肯定和重视的，只是我们为自己制造出来的形象，而不是我们心中最真实的自己。

所以，我们之所以会感到孤独，是因为把自己藏在了一个别人无法找到的地方，筑起高高的围墙，隔绝了人群，隔绝了世界。我们阻断了自己与别人的心灵交流，将自己小心翼翼保护起来的同时，也让自己陷入无边的寂寥。

我曾在论坛上做过一次讲座，主要内容就是关于"孤独感"和"寻找自我"。当时，一位叫作琳的网友和我分享了她的一段故事。

琳有过一段失败的婚姻，在她离婚的时候，几乎所有人都感到难以置信，无论是她的家人还是朋友都无法理解，因为她看上去明明那么幸福，她和丈夫一直都是众人眼中的模范夫妻。

谈起那段婚姻，琳似乎非常无奈，她说："在很长一段时间里，我都认为那场婚姻的失败源于丈夫对我的不了解。我们认识了五年，恋爱三年，结婚一年，可他根本不了解我，他不知道我讨厌听音乐会，也不知道我痛恨数学，甚至不知道我有多么不喜欢和他的表哥一家来往。虽然他对我很好，一直陪伴在我的身旁，可我却一直觉得自己很孤独，仿佛我的灵魂已经被全世界抛弃了。我责怪他不曾真正走进过我的心，不曾真正地来了解我，所以我离开了他。可直到今天，我才猛然意识到，这一切都是我自己造成的，我从来不曾给过他了解我的机会。因为童年一些不愉快的经历，我总是很难向人敞开心扉。我习惯用虚假的面具去面对所有的人，包括家人、朋友。我总是兴高采烈地陪他去听音乐会，即便心里其实讨厌极了；我总是假装对他的工作感兴趣，他是位数学教授，天知道那有多可怕；我总是对他的亲戚表现得很热情，哪怕心里其实有很多怨言……我把自己当成这段婚姻的旁观者，却用技巧去演绎了一位'妻子'的角色。"

若你不能将门打开，别人又如何进得去你的城堡呢？当你感

洞悉人性
在复杂关系中让自己活成人间清醒

到孤独的时候，当你觉得身边没有任何人能理解你的时候，当你觉得真实的自己从不曾被接纳、被肯定的时候，或许应该先想一想，你的孤独究竟来源于何处？是别人不愿走近你，还是你根本不曾给过别人走近你的机会？若你无法学会敞开心扉，那么无论走到哪里，都是孤独的。

要把自己当回事，但也不能太当回事

许多年前，我受邀到一所高校去给学生讲课，那所高校有两个校区，一个是位于市中心的老校区，另一个则是位于开发区的新校区。当时，通知我去上课的人告诉我上课的地方是在主教学楼的507教室。

我那时也没多想，按照约定，提前15分钟到了指定的地方，结果进去一看，教室里空空如也，一个学生也没有。我当时心里还纳闷：这都快上课了，怎么一个人也没有呢？学生们这样的学习态度可不行啊！

又等了十分钟之后，我终于发现事情不对劲，再怎么样也不可能一个学生也不来上课吧。于是，我赶紧联系了对方，这才知道原来我把校区弄错了。上课的地方原本应该是位于开发区的新校区主教学楼507教室，而我去的却是位于市中心的老校区的主教学楼507教室，难怪一个学生也没有呢！

说来也是有趣，那时候我租住的地方就在这所学校市中心老

洞悉人性
在复杂关系中让自己活成人间清醒

校区的教师家属住宅楼,而那位负责通知我的联络人则是新校区的负责人。在通知我地点的时候,对方大概下意识地认为只要说"主教学楼",我就能明白他指的是新校区的主教学楼;而接到通知的时候,由于我一直住在老校区的教师家属住宅楼,所以便下意识地认为对方所指的应该是老校区这边的主教学楼,由此才造成这一次的"乌龙事件"。

其实,很多人都是这样,在思考问题的时候,会下意识地以自己为中心进行思考。这是一种本能,相比那些和自己毫无关系的信息,人们显然会更容易注意那些与自己有所关联的信息。可见,在任何一个人的心中,自己都是非常重要的,我们总会下意识地在意一切与我们自己相关的东西。

美国著名的心理学家亚伯拉罕·马斯洛所提出的需要层次理论,将人类的需求按照不同的层级分为五种:生理需求、安全需求、社交需求、尊重需求以及自我实现需求。弗洛伊德就自我实现这一需要层次又提出一个非常重要的理论——自重感效应。这是什么意思呢?简单来说就是,弗洛伊德认为,人这一生最大的需求有两个:一是性需求;二是被别人重视的需求,也就是自重感需求。美国实用主义哲学家杜威也曾表示:自重的欲望是人们天性中最急切的一种需求。

所以,在人际交往中,如果你想要获得别人的好感,不妨试着多给对方一些尊重和关注,满足他人的自重感,这绝对是一种有效的社交手段。而当对方的自重感获得极大满足之后,对方自然也会投桃报李，反过来认同你。但相应地，如果你无法满足别人的自重感，别人自然不会给予你太多的关注。人与人之间的交往是相互作用的，不懂得关心别人，只一味在意自己的人，自然不会得到别人的在意。

多年前，我因工作需要聘请过两名大学刚毕业的实习助理——小周和天天。小周是个热情开朗的小伙子，天天则是个比较内向安静的女孩子。

刚来上班的第一天，小周就已经和大家混了个脸熟，天天就拘谨多了，礼貌地和大家打完招呼之后就自己安安静静地开始做事。通常来说，性格开朗外向的人要比性格安静内向的人更容易交到朋友，因为前者的感情更加外放，也更擅长交际方面的事情。但令我感到意外的是，实习期结束之后，众人对安静内向的天天的评价却比对开朗外向的小周要高得多。

后来，在询问了几位同事之后，我才恍然大悟：为什么安静腼腆的天天反而会受到这么多人的喜欢——

刘姐说："天天这孩子特别细心，懂得体贴人。她负责安排公司聚餐的时候，把我们每个人的喜好都考虑到了。那段时间，我正好有点上火，口腔溃疡，她还特意问了我的情况，把原本决定去的川菜馆改成另一家广东菜馆。小周就不行了，轮到他负责安排这些事情的时候，哪次考虑过我们的喜好啊！完全就是他自己想吃什么就去吃什么……"

明哥说："天天这姑娘真的不错，出差给我们带礼物，每次都能送到心坎上。有一次，我随口在公司提过我儿子喜欢画画，后来没多久，我儿子生日请大伙去家里吃饭，她就送了套彩笔，可让我家小子高兴坏了。至于小周啊——算了，我都想不起来他送了啥。"

…………

类似这样的事情还有很多，天天总是能从各种小细节上去为每一个人考虑，和她相处，大家的感觉就是"润物细无声"，让人觉得十分舒服，有被重视、被尊重的感觉。至于小周，他似乎从来不会考虑别人的想法或感受，一切都随自己的意愿来。

一个善解人意、温柔体贴，一个则习惯以自我为中心考虑问题。大家更喜欢亲近谁，不言而喻。

每个人都渴望被关注、被尊重，这是人之常情。在人际交往中，如果你总是只考虑自己，以自己为主角，却不愿意分出哪怕一丝一毫的关心给别人，理解别人的想法和立场，那么别人自然也不会给予你相应的回馈。感情是相互的，没有谁有义务做你的配角，不懂得付出和理解的人，永远无法收获真挚的感情。

不如不争，没有人可以在争辩中获胜

前些年，网上流传一个段子：

男人和女人的脑回路是完全不同的。在发生争吵的时候，男人的脑回路是：首先，让我们找到矛盾的根源；其次，让我们共同探讨解决矛盾的方案；再次，一起来分析哪一个解决方案最合理，能实现双方的共赢；最后，一起动手解决矛盾。

而女人的脑回路则自始至终只围绕一个重点：你说这种话到底有没有想过我的感受！

既然是段子，权且一笑罢了，不过却是突出了复杂生活中的某一个侧面。有趣的是，就在前不久，我偶然听到隔壁小夫妻的一场争吵，竟和这段子的套路不谋而合。

那对小夫妻很有意思，看样子应该是结婚不久，虽然总是吵吵闹闹的，但感情着实不错。他们吵闹的大部分内容都挺有意思，不涉及原则问题，有的甚至和他们的生活毫无关联。比如，他们曾经因为豆花究竟是甜的好吃还是咸的好吃而争执过，也曾经因为某地方特色菜肴到底好不好吃而争吵过,甚至有一次,他们还因为某个热门新闻事件中所提及的那位出轨的丈夫究竟能不能算是情有可原而吵闹过。

我无意中撞见的那次,正是他们为那个热门新闻事件中丈夫出轨的看法不同而爆发的争吵。事实上,这场争吵一开始不过是一次闲聊罢了,闲聊中提及某个新闻事件,然后便自然而然地发表自己的一些看法和想法,之后发现丈夫(妻子)的看法和想法居然与自己的截然不同,于是闲聊变成辩论,越来越激烈,最终发展成了一场争吵。

这位丈夫的逻辑非常严密,先是叙述事件的前因后果,然后冷静地剖析了悲剧发生的根源,接着把参与事件的各方所犯的错误一一指出,最后得出结论。一整套流程下来,完全就是教科书式的辩论过程。

而这位妻子就太有意思了,无论丈夫说什么,她都能强大地坚持住自己的"终极主题":"天哪!你居然对我说这样的话,你有没有考虑过我的感受!"

最终,丈夫只余一声叹息,然后眼巴巴地追上去哄着被自己气哭的妻子。

其实,我的很多男性朋友也曾抱怨过,说和自己的妻子或女友吵架,完全不能讲逻辑,因为她们根本就不在乎逻辑。当你试图用强大的逻辑在语言上战胜她时,她会立即展开感情攻势,把你所有的"攻击手段"都解读为"你不爱我""你不考虑我的感受"等。

女人为什么总是这么"不讲道理"呢?一位刚和丈夫争吵完的女性朋友是这么描述她的心理历程的:"我真不明白,为什么他每次总想着要辩倒我,甚至不惜说出那些让我感到伤心的话。难道口头上的胜利比我的感受还要重要吗?有时候,我其实也知道自己不一定是正确的,但只要他这么尖锐地攻击我,我就忍不住回击……"

这位女性朋友的话一度引起我的深思,"口头上的胜利"真的那么重要吗?当你绞尽脑汁地用强大的逻辑和语言一次次地战胜你的亲人、朋友、恋人,把他们辩驳得无话可说的时候,你到底想要从中获得什么?当你成为辩论或争吵的最终获胜者之后,你又能因此而得到什么好处呢?

事实证明,你不会获得任何好处,除了让对方感到尴尬、伤心之外,你得不到任何东西。更可怕的是,在这种莫名的好胜心驱使下,你甚至可能会一时冲动地说出一些事后让你追悔莫及的话,甚至摧毁一段美好的感情。你的咄咄逼人在让对方哑口无言的同时,也会让对方逐渐对你关上心门。一心在嘴上争输赢的人,无论结果如何,都只会输而不会赢。

我们和他人展开交谈或辩论,往往都是怀着某种目的,而我相信,恐怕没有人的目的会是辩倒对方、伤害对方,让对方臣服在你的唇枪舌剑之下吧!如果你希望自己的观点和想法能被对方接受,或是希望能用一场愉快的谈话来赢得对方的好感,那么请相信,充满攻击性的口舌之争绝对是下下之选,即便你站在真理的一边，你也永远无法赢得你想要的东西。

著名的精神分析心理学家弗洛伊德曾说过，当人们在面对焦虑和挫折时，往往会启动自我保护机制，这种保护机制为了帮助人们缓解焦虑，维持心理平衡，甚至可能会对现实进行一定的"歪曲"。这种对现实的"歪曲"与道德层面的欺骗完全不同，它是一种非理性、发生在潜意识层的现象。

这就是为什么在争论中你越是表现得咄咄逼人，得理不饶人，对方就越容易"死鸭子嘴硬"，坚决不肯低头认错。相反，如果你主动退让，甚至给予对方一定的肯定或赞扬，对方反而会不好意思和你继续针锋相对，甚至礼尚往来地接纳你的部分看法或意见。

嘴上风光的人，往往最终都会输给自己的一时之快。赢了面子，却输了人心；赢了尊严，却输了感情；赢了地位，却输了德行。说到底，赢在嘴上，不如赢在人心，嘴上的赢，只能让你收获一时的爽快，唯有人心的赢，才能带给你长久而实在的好处。

管好自己的嘴巴，是别人喜欢的社交礼仪

《礼记》中说："君子道人以言而禁人以行，故言必虑其所终，而行必稽其所敝，则民谨于言而慎于行。"意思是说，君子用语言来引导别人，告诉他们什么事情可以做，什么事情不可以做，所以在说话的时候，一定要考虑最终结果，在行动的时候，也一定要考虑到可能引起的后果，这样民众们也才会谨言慎行。

"谨言慎行"，这是无数先贤对我们的劝告。然而在现实生活中，许多人对此却不以为意，总觉得自己只要不犯什么大过错，没必要时时刻刻都绷得这么"紧"。但事实上，很多时候，人生成败的关键往往就藏在那些看似不起眼的细节中。在你看来，无关紧要的只言片语，往往是别人认识你的重要依据。

某日在参加一个饭局时，一位同事偶遇故友。那位故友是个十分热情的人，和我们打过招呼之后，便极为自然地坐下了，还和众人一块谈天说地，喝了几巡酒。

在聊天的过程中，同事的这位故友一连提了好几个人名，都

是市里有头有脸的人物，如某处的处长、某局的局长、某公司的董事等，言辞之间仿佛与这些人关系甚为亲密。此外，他还讲了几个笑话，把气氛调动得很是火热，丝毫没有身处一群陌生人之中的那种拘谨。

整个过程中，同事的这位故友都没有不当的行为，也没有犯任何错误，但有趣的是，在事后，偶然提及这位故友，除了与他相熟的那位同事之外，其他人对他的印象都不算太好——虚荣、爱显摆、爱出风头，感觉不太靠谱。

我曾私底下询问一个同事是怎样得出这个结论的。那位同事回答说："他一再提及那些大人物，好像自己和他们有多熟似的，这不就是在显摆吗？再说了，你瞧瞧那人，一来就喧宾夺主，又是敬酒，又是讲笑话的，实在太爱出风头了。这种人，一看就满嘴'跑火车'，不靠谱得很！"

当然，这位同事的推论未必就正确，单从这些细枝末节的言谈中，我们未必就真能全面地认识一个人，可那又怎样呢？不管他究竟是一个怎样的人，是不是真的"虚荣""爱显摆""爱出风头""不靠谱"，其实都不重要了，因为他的言谈已经给人形成这样的印象，至少在很长一段时间里，只要缺乏频繁接触并打破这种固有印象的机会，他的这一形象都会"深入人心"。

瞧，这就是谨言慎行的重要性。你嘴里说出的，可不仅仅只是无关紧要的话语，而是别人看到的"你自己"。所以，千万不要小瞧每一句从你口中说出的话语，以及你的每一次举手投足，你的所言所行或许只是随意而已，但在别人的眼里却不只如此，人们对你的认识以及建立的印象，往往正是你的一言一行所决定的。

从理智上来说，很多人其实都明白，人的个性非常复杂，粗鲁的人也会有温柔的一面，马虎的人也会有细致的时候，单单只凭几句话或几面之缘，根本不可能全面地认识一个人。可即便如此，在很多时候，我们却往往更愿意相信自己的眼睛和耳朵，而非大脑。

更重要的是，很多时候，我们都会习惯性地通过我们所看到或认识到的某一特质就去给人"打标签"，比如某某很内向，某某做事风风火火，某某不擅长交际等。一旦这种标签被打上去，便会直接影响我们日后与对方交往时的态度。比如，当我们需要找人帮忙照顾孩子时，首先考虑的自然会是那些温柔细致的；而当我们需要找人一块儿干事业的时候，则往往会先考虑那些精明、有决断力的。

当我们对一个人的某种特征形成好或者坏的印象之后，往往会倾向于根据这一印象去推论这个人其他方面的特征，这是非常普遍的。在心理学上，这种现象被称为晕轮效应，也可称为光环效应。从本质上来说，这其实就是一种人们在认知方面的以偏概全。比如陷入恋爱中的人，总会盲目地接纳恋人的一切，爱屋及乌，这也是晕轮效应的一种体现。

在日常人际交往中，晕轮效应的影响是极其深远的，这一点在面对陌生人时表现得更为显著。我们偶然为之的一言一行，一不留神或许就会成为别人眼中的"晕轮",就像同事那位表现"过分"的故友一般,他侃侃而谈各种大人物,或许只是想以此来寻找共同话题,未必就存了虚荣炫耀的心思;他抢过话头,讲笑话调节气氛,或许也只是想表现得热情一些,掩盖突兀加入谈话的尴尬,未必就是为了哗众取宠——然而,这其实都不重要,因为作为看客的我们,只会用自己的眼睛去看,用自己的耳朵去听,再根据自己的认知进行判断和评价,从而为他打上一个"标签"。至于他究竟是一个怎样的人,他的真实想法到底是什么,事实上,并没有人会去追根究底。

所以,别小瞧了你说出口的每一句话,也别小瞧了你每一个看似无关紧要的举动,于你而言或许只是随意的言行,却恰恰可能成为别人给你"打标签"的重要依据。人际交往中,还得牢记谨言慎行,别让"晕轮"害了你!

忘乎所以的自我表现，是插在别人心里的针尖

买东西的时候，我们总喜欢货比三家，选最好的或是性价比最高的。在有选择的情况下，谁会不喜欢更好的东西呢？这几乎是人的一种本能。但在人际交往中，这并非一条"铁律"，人们欣赏优秀的人，但并非每个优秀的人都一定会拥有好人缘。可惜，很多人都不明白这一点，以为想要得到别人的认可，被别人接受甚至崇拜，就必须不断凸显自己的优秀和与众不同，殊不知，这样做反而可能让你的人缘越来越差。

我的一位远房亲戚小秦是个很优秀的年轻人，毕业于国内一所知名学府，早在大四实习期间就被一家有名的广告公司"内定"了，完全不曾经历过其他人那种"一毕业就失业"的困窘。

从个人能力上说，小秦确实非常优秀，思维敏捷，善于创新，常常会冒出许多奇思妙想。但是他和公司的大部分同事却相处得不太好，颇有一种不屑与他们为伍的感觉。小秦的大部分同事毕业于普通高校，学历能和他比的，家庭条件不如他，家庭条件比

他好的，长相不如他，长相比他好看的，学历又比不过他。因此，小秦一直觉得周围这些同事和他根本就不是一个层次的人。在这种心理的影响下，小秦平时和同事说话总是不自觉地带着些炫耀，而他的这些同事也都不怎么喜欢这个自视过高的小伙子。

其实，刚去公司的时候，小秦也想过要和同事搞好关系。比如，第一天上班的时候，他就从家里顺便带了两条别人送的好烟去公司，大方地分发给同事一人一包，同事们收了东西，自然也都客气地对小秦一番吹捧，把他夸得飘飘然起来。

心里一得意，小秦就忍不住嘚瑟了，笑眯眯地对众人说："就这一包，知道外头卖多少吗？一百块！我知道你们平时舍不得花钱，没尝过这味儿吧？以后甭客气，没了管哥们我要，我家还堆着一箱子呢，就这点东西，我还是包得起的！"这话一说出来，大家脸上的笑容都淡了下来，气氛也变得尴尬不已。那之后，不管小秦再带什么东西来公司，同事们也都不肯要了。小秦呢，就觉得同事是在"假清高"、摆谱儿，嘴上不说，心里也对他们越发不满。

好在小秦这人确实有几把"刷子"，虽然人缘不好，但工作能力强，经手的几个案子做得都不错，很得老板赏识。为了凸显自己的"优秀"，他越发高调起来。比如，获得公司表彰的时候，他的发言是："我的成绩大家也是有目共睹的，能取得这样的成绩，主要是因为我这个人眼光比较长远，凡事习惯走一步看三步，我认为这一点是很多同事都欠缺的。"大家一块讨论策划方案时，对同事提出的意见，他也常常批评得毫不留情："你这什么意见，太落后了吧，这都十几年前的东西了，太俗，档次低，一点高级感都没有，你这观念也该更新了，都快跟不上时代了！"

　　天长日久下来，同事们对小秦越来越反感，就连工作也都不怎么配合了。意识到自己被孤立之后，小秦觉得很委屈，抱怨说："这些人都太小心眼了，一个个嫉妒我比他们优秀，孤立我，打压我，生怕我出头……"

　　小秦的抱怨真是让人哭笑不得，他为什么不受欢迎？为什么被人孤立？真的是因为他太"优秀"了吗？答案想必大家都已经心中有数了。换位思考一下，如果你身边有像小秦这样一个人，自视甚高，喜欢炫耀，总觉得自己高人一等，你会喜欢和他相处吗？恐怕只会嗤之以鼻，敬而远之吧！

　　从心理上说，炫耀是人的一种本能，每个人都希望自己优秀的一面能够被别人知悉，从而获得更多的支持与认可。但需要注意的是，你有这样的心思，别人同样也有这样的心思，你希望做万众瞩目的主角，别人同样也想做受人关注的发光体，没有谁会心甘情愿成为别人的配角、"绿叶"，更不会有人愿意成为烘托你"优秀"的"垫脚石"。

　　要知道，每个人都有想要获得别人肯定的渴望，都会在与人交往时不自觉地维护自己的形象和尊严。如果你总是显示出高人一等的优越感，甚至为了抬高自己而不自觉地去贬低别人，那么无异于是在伤害他人的自尊和自信。这样一来，别人对你产生心理排斥甚至敌意，也就不足为奇了。

木秀于林，风必摧之。如果你注意观察，一定会发现，那些真正在交际中最受欢迎的人，人缘最好的人，通常都不会表现得太过高调。而那些总是表现得趾高气扬、高人一等的人，不管有多么优秀，通常都不会拥有太好的人缘。

闷声才能发大财，那些真正聪明的人，永远不会炫耀自己的聪明；而那些真正优秀的人，也永远不会将"优秀"挂在嘴边。就像古希腊著名的哲学家苏格拉底，被世人奉为"智者"的他，在面对他人的赞美时，说得最多的一句话却是："我唯一知道的就是自己的无知。"伟大的科学家牛顿也总是时时提醒着自己："我不过是个在海边玩耍的孩子，偶尔高兴地捡到一块美丽的贝壳，但真理的大海我还不曾发现。"

世事洞明是学问，人性练达如文章

《三国演义》里有个人叫马谡，他干得最出名的一件事就是把街亭给丢了，害得蜀国兵败如山倒，诸葛亮也不得不退回汉中，首次北伐行动宣告失败。马谡这个人据说是比较聪明的，熟读兵书，还特别能说，所以才能把诸葛亮"忽悠"得将守街亭这么重要的任务交给他。

诸葛亮之所以敢放手让马谡去守街亭，一方面是他很赏识马谡，觉得他的军事理论知识学习得不错，谈起兵法来也是"一套一套的"；另一方面，则是因为街亭这个地方易守难攻，说白了，只要你链子掉得不太厉害，基本上是出不了什么大乱子的。

可偏偏马谡去守街亭，还真出了大乱子。他没有听从诸葛亮的吩咐，也完全不把裨将军王平的警告放在心上，不肯据守在山下的城镇，而是非要上南山。做出这样的决定，是因为熟读兵书的马谡认为，应该先把高处的位置给抢了，站得高才能望得远，占据高处，等与敌军对阵的时候，才能占便宜。

洞悉人性
在复杂关系中让自己活成人间清醒

结果，敌军一到，直接把山一围，截断了蜀军的水源，轻轻松松就从马谡手里把街亭给夺下了。

马谡的失败就在于不懂变通，只懂兵法，不懂将兵法活学活用，结果死在了自己最熟悉的"套路"里。

在生活中，像马谡这样的人其实不在少数。他们不管做什么事情，都会追求所谓的"技巧""规范"，总以为只要掌握了这些"捷径"，就能轻易获得胜利，走上人生巅峰。然而，生活是复杂多变的，如果只靠"套路"，这辈子恐怕你都没法找到真正属于自己的出路。

武侠故事中的主角总会因为某些意外因祸得福，收获一本神奇的武功秘籍，然后练成绝世武功，一雪前耻，称霸武林。而在社交世界里，人们又何尝不想获得这样一本秘籍呢？事实上，近年来，市面上那些所谓的"社交秘籍"可说是层出不穷，这让许多想要纵横交际场的人找到了蜕变的突破点。然而，所谓的"社交秘籍"真的有用吗？恐怕未必。

前阵子，朋友小张在和公司另一位同事角逐升职机会时败下阵来，事后他向我讲述了当时的情况。

那时候总公司发下通知，说有一个职位空缺，小张和同事李芳都被领导推荐为候选人。为了对他们进行最终考核，公司决定同时委派二人前去与一名大客户进行接洽，谁做出的方案能获得客户的认可，并率先与客户签下合同，谁就会成为最终的获胜者，得到这次升职的机会。

小张这人特别能说会道，平时还最喜欢研究诸如社交技巧、说话之道等的交际"套路"。加之要接待的这位大客户是名男性，小张一度认为自己已经胜券在握，毕竟男人怎样才能玩得舒心，喝得高兴，那都是男人之间才最明白的事情，李芳这么个姑娘家能懂什么？

一开始，事情确实如小张所预料的那般发展，从机场接到客户之后，小张就开始鞍前马后地围着客户转悠，把客户哄得笑逐颜开。李芳根本找不到任何插手的机会，只能毫无存在感地杵在一边充当"背景板"。

接下来的几天，不管是去公司参观还是晚上到夜总会娱乐，基本上也都是小张在陪着客户，至于李芳，大概是知难而退了吧，已经好几天没怎么出现了。可令人意外的是，这看似毫无悬念的胜利果实，最后居然落到了李芳的手里。

那是在公司与客户进行的最后一场会议上，客户的妻子突然提出，说更喜欢李芳的策划方案，想让李芳来全权负责他们公司的产品线。而客户虽然支持的是小张，最后却表示愿意尊重妻子的意见，选择了李芳。

这次失败让小张大受打击，后来通过一些小道消息他才知道，原来这位客户当初发家致富主要是靠了岳父的帮忙，而这次提出与公司进行合作的这款产品品牌，就是当初由其岳父所创立的。所以，这次来公司进行接洽，他才会带着妻子一块来。也就是说，事实上这一次的最终决定，其实掌握在客户妻子的手中。

不得不说,这一次李芳的运气的确很好。当初,在小张的严防死守下,李芳硬是没能找到办法插入小张和客户之间,于是干脆去接待被冷落在一边的客户妻子了。没想到的是,就是这么一个小小的决定,居然会带给她这么大的惊喜,让她顺利得到升职的机会。

至于小张,他的社交能力是毋庸置疑的。但在这次谈话中,他却犯下一个致命的错误:没有看清谁才是决策者。

在这场没有硝烟的"战斗"里,李芳或许是像小张所说的那样,靠运气误打误撞赢了,但也有可能是做了功课,一开始就把目标锁定到了客户妻子的身上。但不管怎么样,结果是小张使出浑身解数,却"攻打"错了地方,最终把胜利的果实拱手相让。

第三章

移情与认同,使关系日益浓厚的基本认证

做任何事情之前，先考虑对方的心理感受

2016年的一个冬月，我拜读了作家蔡崇达的《皮囊》，脑子里有句话一直挥之不去："写作不仅仅是种技能，是表达，而更是让自己和他人'看见'更多人、'看见'世界的更多可能，让每个人的人生体验尽可能完整的路径。"

在此书中，我通过作者温情而又残酷的讲述，"看见"了性格倔强刚强的裹脚阿太、对命运执着勇敢却无助的母亲、历经多种变化的坚毅的父亲、被世俗排挤的张美丽……这些人表面看起来不被常人理解，但了解到他们背后的故事后，我恍然大悟，任何行为都是基于心理而产生的。

这也启迪了我，如果想要了解一个人，先要透视对方的心理。

人和人的接触，是心和心的接触。这不禁让我想起心理课上学到的一则小故事，可以说是非常形象地说明这个道理。

机房重地的大门上有一把坚固的门锁，钢锯和铁棒比赛，看谁能将这把门锁打开。

钢锯仗着自己牙齿锋利，心想我一定可以打开这把锁。可是，它卖力地左锯右拉，门锁不动如山，自己却气喘如牛，累得半死。

粗大的铁棒看不过去，要钢锯稍事休息，换它上场，它使劲地撬，没命地捶，费了九牛二虎之力，门锁还是没有被打开，自己却遍体鳞伤。

正在这时，一把毫不起眼的钥匙悄悄地出现了，它说："我可以试一试将这把门锁打开。"

钢锯、铁棒气喘吁吁地看着这把钥匙，不禁大笑道："哈哈，我俩这么威武有力都打不开，你那么小的身躯更不能打开了，你不要自不量力了。"

谁知，钥匙不听嘲笑，径直地走了过去，把扁平而弯曲的身子深入锁孔，一会儿工夫，那把坚固的门锁应声打开了。

"这怎么可能呢？你怎么做到的？"铁棒和钢锯既惊讶又不服气地问道。

"我是没有你们有力量，但是我最懂它的心。"钥匙温柔地回答。

读心，谁都希望，每个人都想了解别人。

但我们常说"知人知面不知心"，在人际场合，为了保护自我，每个人的心上都安有一把牢固的大锁，如果对方不愿意打开这把锁，任你用再锋利的钢锯、再粗的铁棒也撬不开，这也是人际的障碍。要想去除这一障碍，唯有把自己变成一把细腻的钥匙，真正地走进对方的内心深处。

洞悉人性
在复杂关系中让自己活成人间清醒

在我的朋友圈,有一个非常特殊的人——刘昌。他是一个很沉闷的人,平时不喜欢与人交流,总爱一个人抽闷烟。然而,在外人眼里,刘昌的人生简直就是顺风顺水。大学毕业之后,他接替了父亲的公司,直接当上了经理,年薪上百万元。而且,妻子貌美,孩子懂事,一家人全都健健康康的。

"你遇到什么难题了吗?"大家总是不解地问。

而刘昌都会用同一句话回复:"什么问题都没有!"

"可不是嘛,你都这么好了,还愁什么?"

听到这种话,刘昌总是勉强一笑。

刘昌为什么总是看起来烦闷无比?对此,有人解释为"身在福中不知福""太如意了,没事找事",这些都不是好词。

说实话,一开始我也认为刘昌有些故作深沉,但后来通过他人得知,从小到大,刘昌几乎每一个重要决定,都是父母替他拿主意。

没人喜欢自己的人生被安排,随即我明白了刘昌内心苦闷的原因。在一次闲聊时,我有意地提及美国电影《楚门的世界》里的故事,并由衷地发表了一番感叹:"被人安排的人生不能说不好,至少不用考虑太多,只要按部就班地进行,也不会有太大风险和挫折,可是每个人终究还是走自己的路才痛快。"

当时,我清楚地看到刘昌的眼睛里有亮晶晶的东西滑过,"是啊,不能按着自己的意愿而活,那活着又有什么意思?"

随后,刘昌对着我有了一番畅谈:"大学填报志愿时,我很想报考喜欢的金融系，可父母却觉得，金融类就业形势严峻，不如学管理，将来工作了，既高薪又风光。我虽不太情愿，可还是听了父母的建议。总算熬到了毕业，我想和其他同学一样去大城市闯一闯，父亲听闻却坚决不同意，而是坚持让我进入自家企业。我本有一位青梅竹马，一起长大的女伴，两个人互相了解，在一起有很多话说，但父亲却觉得女孩家境普通。抵抗不过父亲的百般阻挠，我最终也妥协了。大家都羡慕我过得不错，但没有人愿意理解我，也不明白这些其实不是我所喜欢的，我只想挣脱。"

"我懂你的感受，"我强调说，并鼓励道，"每个人都有专属自己的人生路，周围的人只能给你意见。你只需有好的辨别能力，做出最利于自己的选择即可。"刘昌感激地望着我，从此以后，我成了他可以倾吐心事的那种朋友。让别人主动打开心门，这才是读心的最高境界。观察身边的人，父母、朋友、同事……观察他们的表情、言行，关心对方的心理感受……试着从"我心情不好"变成"你心情好吗"。要牢记，每件事都有起因、经过、结果，多去问个为什么，想明白对方心里的苦楚、难处，你一定会豁然开朗，明白该怎么做，最终轻松俘获对方的"芳心"。

学会用同理心倾听，才能够亲密对话

我的一个远方表弟30岁了，感情上比较失意，一直单身。这让亲戚朋友们很是挂心，逢年过节便追问他的感情去向。每逢此时，他总是皱着眉头苦叹：女人是世上最难懂的，不懂她们心里在想什么。

一次私下喝酒的时候，表弟借着酒劲，拉着我一吐苦水，讲述了自己的两段感情。

上大学时，表弟曾跟一个妹子关系友好，节假日会一起逛街、看电影等。结果，班上的其他同学开始闲言碎语，这给妹子带来很大的压力，便单独地把表弟约了出来，说有重要的事情要说。等见了面之后，妹子非常委屈地抱怨："你知道吗？我们经常被同学们说三道四，我舍友也追问咱俩到底是什么关系。你从未向我表白过，我们私下却经常一起玩，这种关系真的很尴尬。"

看着哭得梨花带雨的妹子，表弟心疼极了，狠狠心说道："没想到我给你带来这么大的麻烦，那以后我们还是少接触一些好。"

参加工作以后，表弟喜欢上一位女同事。这个妹子对别人都挺友好的，但和表弟在一起时，却总是时而高兴，时而生气，气急败坏的时候，还会让表弟离她远一点。表弟真要走，结果妹子更加火冒三丈，"我叫你走，你就走啊？"这是什么情况？表弟抓破了头皮，也不知道自己哪里做错了，只好再三追问："你怎么了？到底什么情况？"这时候，妹子又会说："原来你这么不懂我！"

"女孩的心思男孩你别猜，猜来猜去你也猜不明白"，表弟摇着头，叹着气说，"这两段感情都无疾而终，后来我只好将精力放在事业上，也不敢恋爱了。"

至此，我明白了表弟仍然单身的原因——他缺乏对女生的观察和思考，听不明白对方说话的真实意思，也不知道对方在想些什么，甚至对方的一些反应，他不知道用怎样合理的形式去回馈；机会来了，他看不见；看见了，他不知道怎么把握；事情搞砸了，不知道怎么挽回。

比如第一个妹子，她当真只是为了找表弟诉苦吗？显然，她是希望表弟能够在这段关系中起到一个引导作用、推动作用。结果，表弟没有明白她的意思，也没有做出积极的反应，白白错失良机！我想，此时正在看文章的很多人可能也错失过类似的一些机会，甚至有人可能到现在还没有认识到。

"为什么有些人总是很难懂，表里不一？"有人曾向我如此抱怨。对于这类问题，我经常会给出以下建议："如果你想了解一个人，想认识一个人，不是去听他说出的话，而是要去听他没有说出的话，那些所省略的和没有表达出来的内容或隐含的意思，往往才是对方真正的所思所想。"

这段话看似平常，内涵却很深刻。有人跟你说的话，就是字面上的意思吗？事实是，一个人不会轻易地把自己真实的意见、想法直接地表达出来，特别是一些有心计、城府深的人，怀揣一些私心杂念不便明讲时。此时，你就要学会用脑子听话，用眼神去观察，用智慧去琢磨，正确地理解对方。

就拿"你看着办"这类上司的口谕来说，这句话听起来十分简单，但其中的意味却很耐人琢磨。当然，你可以理解成这是领导对你的信任和放权，也可以看作领导让你见机行事、灵活处置。但一般来讲，领导让你看着办的事情都是很棘手的。看似没有什么明确意图，也不是硬性要求，但你必须悉心领会领导的意图，通过变通的方式去做工作，才能让领导满意。

为了让大家更清楚地理解，在这里我列举一个亲身经历的例子。

在前辈的指导下，我顺利拿下一个大单，过程是这样的：

读大三的时候，我曾在一家汽车 4S 店实习，做销售顾问，其间接待了一位王先生。王先生是一位 40 多岁的男士，一走进我们店里，他的目光就落在了一辆新型 SUV 上。很明显，他喜欢这款车。这时，我赶紧上前，详细地为他介绍这款新车，但王先生听完之后却还是很犹豫，表示再考虑下。

之前，主管曾向我们说明，"我再考虑考虑"是客户说得最多的一句话，如果你相信客户会仔细考虑你的产品，不及时做出任何挽回的话，这位客户流失的概率是99%。"我再考虑考虑"听起来十分简单，但背后可能隐藏着客户的多种心理："这超出我的预算，打折的话，我才考虑买。""我还想看看其他产品，做做比较。""你的推介不够吸引人，我不感兴趣"……只有了解到客户的真实想法，有针对性地解除对方的顾虑，给客户一次强化销售，你才能提高成功率。

"他是不是有其他方面的顾虑？是不是不确定这辆车子是否真如我说得那么好？"我心想。为了拿下这个订单，我思索几秒后，适时地说道："王大哥，这个车子怎么样，前面我已经给您详细介绍过了，但俗话说百闻不如一见，我说得再好也没用，建议您最好亲自体验一下。只有试驾了，您才知道好不好。"

在试乘试驾前，我并非随意选择路线，而是预设好一条试车路线图，那是一段泥泞的坑洼路面。为什么呢？这样才能体现SUV优越的通过性能。当穿越那段泥泞的坑洼路面时，汽车的一只轮胎陷入其中，但我们只稍微转动了下方向盘，就轻松地脱离了困境，完美显示了车辆优越的防滑驱动性能。

在一片惊呼声中，王先生对汽车的满意度大增，但依然有些犹豫。这时，我又适时地下了一剂猛药，"您不觉得，这款车真的很配您吗？您平时工作很忙，想想看，周末放松一下时，当您把这款车开上林荫道，欣赏着野外的美景，听着美妙的音乐，让醉人的暖风吹进来，那感觉多美啊！您说是吗？"

王先生双眼注视着我，犹豫了一会儿，终于拿出银行卡。但在付款前，他又犹豫了："我今天只是随便进来看看的，才这么一会儿时间就买了辆车，是不是太仓促了？而且，过段时间就是国庆节了，我还是回家再考虑考虑吧，过一阵子再来买。"说完，他下意识地将已经递出去的银行卡又拿了回去。

为了"帮"对方一把，我微笑着说："大哥，您有这样的感觉就对了！这款新车，无论是从外观设计还是车子本身的性能上，都会让人有种想要立刻购买的冲动。但实话告诉您，虽然现在我们不是促销季，但价格比其他店里都便宜不少，好多顾客都这样'冲动'了呢。而且，我们将提供免费洗车、定期保养等一系列售后服务，让您买得放心、开得省心。冲动一回，绝对值得！您说，是吧？"

最终，王先生不再犹豫，很快办理了付款手续。

你看出来了吗？我之所以可以推销成功，主要原因在于我从王先生的"考虑考虑"的言语中，去研究他背后多个方面的顾虑。当然，找出病因，再对症下药，就不是很困难了。先试乘试驾，提出价格优惠，再向对方大打保票，一步步消除对方的心理顾虑，最终自然是顺利成交！

做到这些难吗？不难，你只需多多用心即可。在交际中，细心观察对方的遣词造句，注意对方如何表达问题，从而对言语做出更完整、更准确的判断和理解；还要留心对方在叙述时的犹豫停顿、语调变化，以及出现的表情、姿势、动作等，从而察觉到对方的真实用意，如此便能掌握主动权。

相似性原则：原来我们是同一类人啊

有一句话说："检验友谊的唯一标准，就是两个人凑在一块说别人的坏话。"

这无疑是一种调侃，但客观来说，这句话也确实具有一定道理。

所谓"物以类聚，人以群分"，人们在生活空间、个人偏好、性格、追求上的相似点越多，双方越容易接近，成为朋友的机会就越大。相反，如果对方是一个与自己完全不同的人，就容易产生"道不同，不相为谋"的念头，因而有了隔阂，疏了感情。

人之所以更容易与自己相似的人接触，一方面是与观点相似的人共事时，更容易产生共鸣，得到对方的赞许，增加自我正确的安心感；另一方面，相似之人在面对问题时更容易达成一致，减少因观点不同而产生的内耗。可见，这既是一种心理偏好，也是一种出于对现实利益的客观考量。

为此，当你想接近一个人或者了解一个人时，尤其是那些平时比较难接近的人物时,不妨从两个人的共同点做起,好好地"武装"一下自己,创建出和对方相似的特征,进而激发与对方愿意亲近的欲望。

注意,我这样说,不是鼓励你去做一个溜须拍马、善于钻营的人,更不是让你无中生有地迎合别人。每个人都喜欢与自己相似的人相处,但依靠假装而建立起的共同点,终究会有戳穿的时候。能够长久留存的东西,必定建立在真实的基础之上。

事实上,这世间真正意义上的共同点哪有这么容易,哪怕是一母同胞的双生兄弟,也不可能在每一件事上的看法和做法都一致,更何况茫茫人海中两个毫无关系的陌生人。我所说的共同点,其实是在某一方面、某些地方有着相似点,能产生情感共鸣罢了。

好在人原本就具有多面性,一个喜欢瑜伽的人,可能也有打拳击的兴趣;一个喜欢读书的人,可能也钟爱旅行;一个喜欢喝茶的人,未必就不爱喝酒。要找到一个和自己有七八分相似的人实属不易,但若想找到与自己有两三分相似的人,却并不是什么难事。

一位享受到婚姻幸福的男士说:"我从没有想到妻子竟然也喜欢运动。先前,我总觉得她弱不禁风,人是不错,就是柔弱了点。谁知,接触下来,我发现她也挺爱玩的。每到周末,我们总是相约去爬山、打球、开车兜风,有她相伴,我感觉生活好极了。"

而那位让他倍加欣赏的妻子却说:"说句实在话,当初追他的时候,我可真是吃苦了。这之前我都没怎么运动过。可是,遇到喜欢的人，我也只好投其所好了，没想到，就这样，我们相恋并步入了围城。如今，我也挺喜欢玩的，只要有机会，我俩就到处游玩，很是开心。"

很多时候，唯有投其所好，才能捕获一个人的心。这是欺骗吗？非也，哪怕就这一二分，不也是你的真性情吗？

如果在交际之前，你对交际对象已经有了一定的了解，知道对方的好恶，那么找到共同点，显然不会是什么难事。如果在交际之前，你对交际对象没有足够的了解和认识，那也不要紧，只要细心留意，通过察言观色，你也总能找到蛛丝马迹，并做出积极反应。

上大学时，我们宿舍有一位"与世隔绝"的舍友，叫大明。大明是一个话不多、内心安静的人。刚开学的时候，由于大家彼此都不熟悉，我们其余三个舍友叽里呱啦地聊个不停，聊各自的家乡、以前的中学等，但是他全程只是在一旁听，看起来十分高冷。

"你的家乡在哪里？"我热情地问道。

当时大明正躺在自己的床铺上看书，似乎不太想聊天的样子，但出于礼貌，还是回答道："湖南。"

我又接着问道："那你肯定爱吃辣的吧？我也喜欢。"

"是的。"大明漫不经心地回答。

虽然大明的态度冷淡，但我依旧不死心。我观察到他此刻正在看的书是金庸的武侠小说——《连城诀》，于是接着说道："你喜欢看武侠小说？我也是！今年暑假我还把《天龙八部》《书剑恩仇录》又看了一遍呢？我特别喜欢金庸的小说，实在是精彩！"

此时，大明明显听得认真了许多，脸上还露出一个很淡的笑容。于是，我开始把话题集中在《连城诀》的故事上："我上中学时也看过《连城诀》，大体内容已经有些模糊，不过凌霜华毁容以及死去的那段，我真的感动极了，为她和丁典之间的深情感动，也为她对丁典的理解和支持所打动。"

果然，大明一改之前冷淡敷衍的态度，打开话匣子，和我聊了起来。

再后来，我们的感情自然也越来越好。至此，我也明白了，冷漠的人不一定冷漠，可能只是彼此志趣不相投。你要想和对方更"相投"，就要先明白对方心里是怎么想的。一旦建立起共同点或相似点，就找到了进入对方情感堡垒的大门，进而使关系更进一步，产生"惺惺相惜"之感。

说到底，每个人都有被尊重和被认同的心理欲望。当你和别人类似的时候，也就让对方在心理获得了一种被尊重和被认可的感觉。这是获得很强好感和吸引力的方法，也是人际交往中的一个永恒原则。这也是我在给销售人员培训时千万次强调要找到与客户的共同点的原因所在。

再好的关系,也要注意分寸与距离

杨泓是某一美容产品的代理,为了给自己拉来更多的生意,她几乎每天都在忙于参加各种社交宴会,而且极尽所能地去接近别人。只要知道哪位亲朋好友有困难,她就会主动去帮忙,即便有时对方百般推辞,她仍表现得十分热心。

例如,一个平时偶尔有往来的大学朋友婚前意外怀孕了,杨泓得知后比当事人还着急,不停地询问"你到底打算怎么办",还主动帮对方联系医院;邻居和丈夫正在闹离婚,杨泓每天下班后就前往对方家中劝解……

杨泓这样做本是好意,但当事人不但没有领情,反而抱怨杨泓太过热情,让人很有压力……就这样,周围的亲朋好友,有什么事情也不敢轻易让杨泓知道。杨泓的朋友越来越少,生意并没有多大改观,还一度停滞不前。

看到这里,或许有人要为杨泓喊冤叫屈,如果你也是其中一员的话,你需要好好了解下"人际距离"这一概念。所谓"人际距离",是指人与人之间需要保持一定的距离。

在大学的人际心理课上,我就了解到"人际距离"分为两种:一种是空间距离,这种距离很容易理解,就是在一般情况下,两个人相处时身体所保持的一个比较固定、比较平均的距离;另一种是心理距离,在人际交往中,每个人的内心深处都想保留一个相对私人的空间,对外开放的程度取决于彼此之间的认同度有多高,感情有多深。感情越深,我们可以说心理距离越近。

那么,空间距离是否和心理距离有所联系呢?答案是"有"。

据我观察,一般情况下,空间距离越近的两个人,其心理距离也越近。当然,在特殊情况下,空间距离并不能完全衡量心理距离。比如,我们在公交车上的时候,人很多、很挤,每个人的空间距离都很短,时常会有"零距离"接触的情况,但你不能因此就说公交车上紧挨着的两个人感情非常好。但是抛开这些特殊情况不谈,空间距离在一般环境下还是能很直观地反映两个人的心理距离的。

上大学时,我们的心理学导师曾带领我们做过一个试验:

在刚刚打开门的图书馆里,我们几个同学分别进入图书馆找了一本书籍阅读起来。图书馆有的是空位置,但是这时走进来一个陌生人,偏偏在最靠近我们的地方坐下。

我们班上 32 个同学都进行了测试,结果无一例外:在空旷的图书馆里,没有一位同学能够忍受一个陌生人紧挨自己坐下。当陌生人坐到我们身边时,绝大部分人会默默地坐到别处,有人则干脆问道:"你想干什么?"

这个试验让我们明白,人和人之间是需要有距离的。距离是藏匿隐私的空间,是进退有余的空间。适当的距离表示尊重和信任,对建立人际关系至关重要。

何谓适当的距离?这取决于交际双方的亲疏关系。人与人之间的关系不同,人际距离也应该是不同的。也就是说,你和对方是什么关系,就要保持什么样的距离。

一般来讲,人和人之间的距离可分为四个等级。接下来,我将详细地进行说明。

第一等级:亲密距离

亲密距离是指两人的身体很容易接触到的一种距离,范围在15厘米至45厘米,能够清楚地看见对方的表情和眼神,甚至可以紧挨在一起,亲密无间。这一距离体现为亲密友好的人际关系,适用于情人或夫妻之间、父母与子女之间或好朋友之间,只有最亲近的人才允许彼此进入。

如果一个陌生人试图和你保持这样的距离,恐怕你会狠狠地给他一巴掌。

第二等级:朋友距离

这是比亲密距离稍远一点的距离,一般在45厘米至1米,相当于两臂的距离，能保证相互之间的亲切握手，友好交谈，但不容易接触到对方的身体，通常熟人、朋友间多采用这种距离。出于动物性的防卫本能，人们往往不能接受一个陌生人在交往时进入这个距离。尤其是两个剑拔弩张的人，一旦有一方进入这个距离之内，就会被对方认为是对自己最大的挑战，很可能激化冲突。

第三等级：社交距离

社交距离的范围比较灵活，近可1米左右，远可3米以上，这体现出一种社交性或礼节上的较正式关系，一般适用于工作环境和社交聚会，或与个人关系不大的人际交往上。

例如，企业或国家领导人之间的谈判，工作招聘时的面谈，大学生论文答辩等，往往双方之间要间隔一张桌子，保持一定的距离，以增添一种庄重的气氛。

第四等级：公众距离

公众距离一般都在3米以外，这是人们在公共场合的空间需求，如公园散步、路上行走、剧场前厅等候看演出等。人们完全可以对处于空间的其他人"视而不见"，因为相互之间未必会发生一定的联系。当你试图与别人实现有效交际时，你必须使两个人的距离缩短为社交距离或个人距离。

这就是我们常说的四种交际距离，其实这也反映了两个人的心理距离。根据这种距离分类，亲人、恋人之间的心理距离更近，可以分享较多的事情；同事或者客户，最好保持礼仪距离，工作之外的事情少谈，尤其是个人隐私；陌生人就更要保持安全距离，不要威胁到对方的心理空间。

看到这里，相信大家已经明白了，热情的杨泓之所以不被大家喜欢，就在于她不能很好地把握心理距离和与之对应的空间距离，没有拿捏好其中的分寸。而这种不恰当的"距离"会给人一种冒犯的感觉，让人在内心不自觉地生出警惕之心、逃避之意，如此便很难与人建立起良好关系。

当然，心理距离也是会发生变化的。初次与人接触时，心理距离肯定比较远，所以也要在空间上留有足够的距离。随着接触的加深，关系的发展，心理距离会越来越近，这时你就需要及时地调整空间距离，才能保证关系的良性发展。但永远不要太近，毕竟每个人的内心深处都有一个私密空间。

所谓吸引力，就是满足对方的认同心理

在人际场上，我们凭什么去吸引别人？许多人认为，只要自己足够优秀且拿出真诚，就可以了。是这样吗？不妨自问一下，你是否遇到过这样一些令人困惑的问题：为什么别人明明没有你优秀，却比你受欢迎？为什么你无比真诚地待人，却总是受到冷落？……相信你是不甘的，对吧？但你想过没有，搞人际关系，对于有些人来讲，似乎是一种乐趣，而且他们总能轻轻松松博得他人"芳心"。为什么会有如此大的差别？一个至关重要的原因是，他们在与他人的接触中抓住了对方的心理，以满足对方的心理需求为切入点，成功地搞好了自己的人际关系。

要想钓到鱼，最重要的东西就是鱼饵。搞好人际关系，一定要从人们的心理入手。心理上的满足，能给人带来巨大的愉悦，进而使人对你产生好感和亲近感。说到底，人与人之间的接触，其实就是一个相互的满足。如果你能够满足他们某方面的心理，有时甚至比满足他们的物质需求更能取得良好效果。

经过多年的学习和工作、观察和总结，我发现要想抓住人际心理，有五个循序渐进的方法，我们可以称为人际心理五步走，现列举如下。

满足人的获赞心理

要想和一个人在第一次交往中就能在很好的气氛中进行，怎么办？称赞对方。每个人都渴望获得来自他人的肯定，表扬、赞美的话可以让人感受到自身的力量，进而获得满足感，这一点毋庸置疑。所以，主动去称赞对方，就是你要做的第一件事情，这世上谁都很难抗过这道"赞美关"的。

我的一位女学员是一个不善与别人接触的人，而且在她的眼里，她所接触到的那些人对自己也不够热情，这让她的人际发展很不顺利，于是便向我求助："如果别人对我态度冷淡的话，我该怎么办？是继续交往下去，还是立刻走人？"

我想了想说："这很简单，我教给你一个方法，让所有的人都不再冷淡，那就是当发觉别人态度冷淡时，一定要找到他身上最大的优点称赞一番。"

她照着这种方法做了之后，不久就兴奋地告诉我："见效了！"

满足人的成就心理

所有人都希望在自己的领域取得成就，此时如果能得到别人的激励，必定能引起他的感激心理和报偿心理。这样一来，你们之间的交往岂不是水到渠成？

王叔是我父亲的好友，经常前来家里看望。有一次他对我说的话，成为我记忆中最难忘记的话语之一。他说："多年前，我只是一个修鞋匠，是一个看不到未来希望的人，这时你父亲告诉我：'你修鞋的技术是我见过最好的。'这句话鼓励我振作精神，越来越好，至今我一直从心底里感激你父亲。"

满足人的自炫心理

所谓自炫心理，就是通过炫耀自己具备的技能、才华等，并引以为荣的一种心理。如果想同这些人结识相交，采取求教法是最有效的切入。

闫总曾是我的一位重要客户，也是我非常敬仰的一位领导，他德高望重，能力极强，但对人总是不冷不热。当我前往拜访时，任凭说自家实力强、口碑好，他始终就是一句话："谁家的性价比高做谁家的。"

得知闫总非常爱好书法时，我拿着自己的书法习作来到他家："闫总，上次听您谈论书法作品，我感到受益匪浅，自己写了几幅习作，想请您给指教指教。"闫总一改以往冷淡的态度，脸上有了一丝笑容："噢？我来看看。"接下来，我们就围绕书法问题谈论开了。

最终，闫总不仅成为我的客户，还与我结成了忘年之交。

满足人的自信心理

自信对于我们每个人来说都非常重要，如果他人对自己最满意的地方加以关注和肯定，我们定会让对方感觉遇到了"知音"。

当年和爱人结婚时，为了打造一个幸福的小家，从设计、装修到家装，我们以自己的审美为准，全程亲自参与，最终也颇有成就感。

这天，一位新认识不久的朋友来访，他用欣赏的目光打量着家具和居室的布置："家具的色泽、式样和居室的搭配十分和谐，你们果然有眼光。"

听到这样的话，我和爱人的心情格外开朗，与对方的关系也更进了一步。

满足人的年轻心理

谁也不希望自己看起来比实际年龄老，我们每个人的内心都愿意表现得更年轻，更具有青春活力。为此，要想营造出温馨和谐的交际氛围，不妨从满足人的年轻心理切入。

我认识一对从农村来的老夫妻，他们在我们小区里摆着一个小摊位，日常的蔬菜瓜果一应俱全。据我了解，这些东西的价格比超市要贵一些，可前来购买的人却络绎不绝，而且几乎天天都能卖光。这是什么原因呢？

原来，只要有女士过来，不管是二三十岁还是四五十岁，这对老夫妻都会叫道："姑娘，橘子10元3斤。""姑娘，这些青菜都是最新鲜的，你来挑吧！"老两口一口一个姑娘叫着，不少女士都会在这儿买些蔬菜瓜果回家。

看到后，我笑着说："大爷，你很会说话呀，会掌握人家的心理。"

老人挠挠头不好意思地说："我也是被逼的，开始我叫人家女同志大妹子，人家拿眼睛翻我，我改叫大姐，人家更不理我了。在我们那里，给你辈分高是对你的尊重，可你们城里人却不是这么认为的！后来我儿子提醒我，城里的女人喜欢人家说她年轻，那样她就高兴了，于是我就一律叫姑娘了！"

叫人家一声"姑娘"，居然把水果都卖出去了，这个方法真是很值得借鉴。起码老两口掌握了心理学，学会挑人家喜欢的字眼去说。

能不能满足对方的心理需求，给对方带去满足感，是人际交往成败的关键所在。所以，优秀的能力、真诚的态度固然重要，但了解对方的心理并积极应对才是关键。一个擅长交际的人会多观察、多分析，根据别人的心理对"症"下药。当这一步做到位了，其他困难也就会迎刃而解。

相信看完以上的内容，你一定会豁然开朗，明白以后该怎么做。加油！

第四章

所谓精准沟通，就是你说的话正好他爱听

说对话，比能说会道更重要

如何判断一个人沟通能力的高低呢？

当我将这个问题抛出来时，不少人给出的答案是——"会说"。

而我在讲"交谈""聊天"的技巧时，也都会不断强调会说有多重要，强调谈资有多重要，强调如何表达意见，如何让你说的话引起别人的兴趣，获得别人的认同等。但事实上，一个好的沟通对象，最重要的一点不是"会说"，而是"会听"。

我有一位女性朋友叫陈虹，很多人都喜欢和她聊天，基本上认识她的人，都会习惯性地把她当作"知心姐姐"，什么都愿意和她聊、和她说。对于这点，我个人深有感触。和陈虹聊天好像真的有一种魔力似的，让人有一种一吐为快的舒畅和愉悦。但事实上，陈虹并不是那种善于言辞的人，客观来说，她甚至是一个说话很少的人。那么，大家到底为什么喜欢和她聊天呢？她的魅力又体现在何处呢？

我曾和陈虹一起参加过一场聚会，这次聚会是由我们的一个共同的朋友发起的。那位朋友刚从非洲旅行回来，带了不少礼物，便约了一些朋友出来聚会，顺便分发礼物。朋友见到我们非常开心，兴冲冲地谈起这次旅行："非洲的美是独一无二的，湛蓝美丽的海岛、五彩缤纷的花海、金黄灿烂的大草原，都能唤醒你心底的千种风情。"

"哇，说得我都心动了，"陈虹微笑着看着朋友，"你一定非常开心。"

"是的，不虚此行。"这位朋友掩饰不住兴奋。

陈虹轻轻拍着朋友的肩道："上学时，我们一起看过一部非洲电影，并被里面的美景深深地吸引住了。我记得那时你说希望有天能去非洲看看，这回总算是梦想成真啦！真好，要不你和咱们说说呗，你这趟旅行看见了些什么，都遇到了些什么事？"

接下来，这位朋友开始兴致勃勃地讲述旅行时的趣事，而陈虹只在一边认真听着，不时附和几句，再感叹一番，满眼都是羡慕。说实话，那场聚会上，大家听得很开心，那位朋友说得更开心，聚会就这样在宾主尽欢中结束了。

事后，陈虹由衷地感慨道："虽然我对非洲一点也不了解，也说不上多喜欢，可是你瞧，我却和这位朋友愉快地谈论了好久。虽然几乎都是她在说，而我唯一做的就是认真并且充满热情地去倾听——一场愉快而融洽的交谈就是这么简单。"

"这不是神奇，而是人性如此，"陈虹继续解释道，"每个人都有说话的欲望，都希望自己说的话能得到别人的响应与重视。专

洞悉人性
在复杂关系中让自己活成人间清醒

心地听别人讲话,是一种最好的尊敬和恭维,能更快地赢得别人的喜欢。不管说话者是上司、下属、亲人或者朋友,功效都是同样的。"

陈虹只是扮演了一个好的倾听者,就顺利地赢得了诸多人的信任与好感。

相反,生活中有些人只会说而不懂听。回想一下,在你认识的人中,或者交谈过的对象里,有没有那种说话一直喋喋不休的人?不管你赞同还是反对,这种人根本不在乎你在说什么,因为他丝毫不会给他人说话的机会。这样的情形,很令人沮丧吧?

一次饭局上,我认识了一位同行,叫刘威。刘威为人热情,到我们这桌打了招呼后,还一块坐下喝了几巡酒。在此过程中,刘威不断地说,压根不给别人说话的空间,把整个饭桌上的气氛搞得十分火热。可有趣的是,在这次饭局结束之后,大部分人对刘威的印象都不好,归结起来就是觉得这人爱出风头,不尊重人。

为什么得出这样的结论呢?我问过其中一位参加那次饭局的朋友,朋友"高深莫测"地说:"你看他,只顾着说他自己想说的话题,还把话头都接了过去,根本不肯留点时间倾听别人。他以为这样显得自己有口才,却不知当他嘴巴一刻不停地说话,耳朵却从不曾为别人打开时,这场谈话丝毫没有愉快可言。"

如果你也遇到过这样的朋友,我想你一定明白,在一场成功的交谈中,倾听到底有多么重要。

沟通是两人或多人之间的一种语言交流。在这个过程中,每个人都是有表现欲的，想用精彩的语言表达自己。而在一场谈话中，"说"的人显然就是谈话的主角，拥有更多的表现机会。那你有没有想过，与你谈话的人也同样有这种渴望。所以，想要缔造一场愉快而融洽的沟通，建议你先从学会倾听开始！

说起倾听，它也不是一件简简单单的事，因为真正的倾听不仅要用耳朵，而且要用心。它不仅要听对方说的内容，理解别人的观点，而且要了解对方的感受和情绪。这是非常关键的，不然只知道倾听重要而不知道如何倾听，就如同纸上谈兵，无法应用到实践中，这节的讨论也就毫无意义了。

说的能否说好，听的能否听好，决定着沟通的效果。

在倾听别人说话时，我会保持良好的精神状态，全神贯注，聚精会神，表现出自己乐意倾听且有兴趣与对方沟通；也会不时地运用微笑、点头、提问等，及时给予对方呼应。这会让对方感到我在倾听他说话，理解他所说的话，进而让交谈气氛更融洽，有助于进一步的沟通。

正因为秉承以上的倾听技巧，我成为一个出色的倾听者，也成为一个广受欢迎的说话高手，赢得了众人的喜爱和支持。

有个性的语言，才更符合人们的审美观

沟通中，我经常提醒自己注意遣词用字——人之高低，往往会从说话中辨别出来。仔细想想，当你和一个人初识时，你脑子里对这个人的印象是怎么形成的？

面对一个陌生人，我们最直观看到的，当然是外表。外表讨喜的人，我们对他的感觉当然是比较好的，态度自然也就亲近些。说话就比较复杂，体现着你的思想、素养和眼界，更表达着你的心理及情感。每个人必然能从一场交谈中确定一件事——对方是什么样的人，你是否喜欢这个人。

这听起来有些玄乎，但设想一下，如果在公共汽车上无意中听到一段对话，你能否从对话中判断出对方是什么样的人？正值上班高峰期，一辆公共汽车上拥挤不堪，人们几乎背贴着背。一位男士不小心踩了女士一脚，女士大吼："你再踩一下试试，我让你好看！"男士大喜，急忙道："太好了，这下我不用花钱整容了。"听到这样的对话，你觉得这是怎样的两个人？

很明显，我们会认为女士性格急躁，男士则非常幽默风趣。

看到了吧，一个人说什么样的话，决定了他在别人心里是什么样的人。也就是说，说话不仅是一种强有力的沟通工具，更是一张个人形象的"活名片"。我们说的话，什么内容，哪种风格，直接塑造了我们的公众形象。我们用说话表达自己的思想，而别人通过我们的话语来判定我们是一个怎样的人。

有人问过我一个问题，说："你和一个人交流，要达到什么样的效果，才算成功？"通常来说，与人交流，能够获得的最直观的好处是拉近彼此间的距离，给人留下一个好印象。如果要提到"成功"这个层面的话，我认为是沟通语言上的个性化，闻其声，便可辨其人，识其心。

有用吗？自然是有用的。

表弟是某一科技公司的产品经理，尽管他有着过硬的专业能力，而且是个工作责任心极强的人，但在讨论业务问题的时候，他的观点往往很容易被忽略，甚至会出现发言被打断的情况。"我的声音感觉气不足，说话没力度，有些人就觉得这是我能力弱的表现，他们不是那种明白地说出来你能力不行之类的，但从态度上对我有些不屑。"

更可气的是，表弟经常参加行业聚会，面对那些新认识的朋友，尽管他总是主动地和对方打招呼，并积极地进行自我介绍，但他说的话像流水账似的平淡无奇，总是不能让人印象深刻，甚至没有印象。再次交谈时，不少人总是一脸的质疑："我们见过面吗？"

不能再这样下去，表弟决定改变自己。除了在形象上包装自己之外，他开始尝试从语言上塑造自己。说话声音清脆、响亮、明快、不拖泥带水；在语言中加入适当修辞，使说出的话得体又高雅……这种语言风格呈现出一个精干、富有涵养的职场精英形象。

"只需说几句话，你会发现，他是一个有魄力和有胆量的人。"

"他果断、利落，和这样的人合作，我会很放心。"

…………

这就是个性语言的魅力所在。要让别人"钟情"于你，就要说出自己的特色。我一直很喜欢湖南卫视的主持人汪涵，他说的话总是恰到好处，有深度、有涵养、不夸张，却也不古板。最为知名的一次是2015年《我是歌手》的直播事故：决赛中途，一名歌手突然宣布退赛，这个节目属于现场直播，当时全体工作人员都是一脸蒙，就连导演都不知所措，而汪涵却临危不乱，用三分钟即兴串词紧急救场，让整个现场活了过来。

他的话语有条不紊，不慌不乱，足以看出他的心理素质好，而这没有深厚主持功底和丰富的舞台经验是做不到的。他必定读过很多书，否则不能出口成章，更无法做到讲话有趣。他的个人涵养必定很高，他尊重歌手临时做出的决定，虽然这个决定打乱了比赛规则，让节目无法按照预期进行下去。你看，短短的三分钟，可以看出多少细节？而这一切是凭空出现的吗？不妨看看汪涵的个人经历吧。进入湖南卫视，汪涵什么活都愿意干，抢着干，场工、杂务、灯光、音控、摄影、现场导演样样涉足，他没有学过任何摄像技术，却抢着替外景记者扛笨重的摄像器材，就是为了多跟前辈学习。同时，他在家中专门开辟了一个小书房，取名"六悦斋"，"六悦"即书能满足六根的愉悦感。只要有时间，他就坐在书房读书，几乎每年都能看几十本书，他的七步之才就是因为厚积薄发。

说出来的话，只是冰山露出海面的一角，海面以下的是长年累月的慢慢积累。从今天起，好好说话吧。为了向众人表明自己，你到底是个什么样的人。

什么是精彩谈资？就是他喜欢的事情

前段时间，我在《罗辑思维》节目中听到一个有趣的观点——我们正在进入一个谈资比名牌包还要贵的社会。

节目中，主持人设定了一个题目——在某次聚会上，你遇到两位女士，其中一位女士拿着一个平民包，但是谈吐不俗，居然引用了上周《经济学人》杂志对英国大选的分析。第二位女士则拿着一个名牌包，但她言谈之中更关心电视剧里某个人物的命运。据此，主持人让大家判断，这两位女士谁的社会地位更高。

要是放在十年前，我会推断，谁的包贵谁的社会地位就高。但如今我深知谈资的重要性，自然会根据谈论内容判断一个人的水平高低。一个名牌包，小白领一咬牙一跺脚，拼着半年工资，总归是能买到的；而能看懂《经济学人》杂志的人，必定懂得高级的英文词汇，还需要时刻关注时事热点，这些内在的东西可不是金钱能随便买来的。

谈资是什么？就是谈话的资料。这很容易理解，我们吃饭，需要有饭可吃；渴了想要喝水，需要有水可喝。沟通，则需要有话可谈。

与人谈天说地，最怕的就是遭遇尴尬的沉默。如果两个人只是干瘪地坐着，那么就算坐上十年，你们也不一定成为朋友。

我第一次认识到谈资的重要性，还是在十年前。

十年前，美剧《越狱》风靡大江南北，从莘莘学子到商界精英，从打工一族到霸道总裁，可以说得上是无人不知。微博里，日常生活中，你不了解点最新的剧情，就稍显得落伍于潮流。而那段时间我正忙着备考"高级演讲培训师"，一直没有时间追剧，于是我便成了一个落伍的人。

那几个月里，面对微博里的热烈讨论，甚至在课堂上连培训老师也能就着《越狱》的话题谈笑风生，我只能眼观旁听，想插嘴都插不上，多么郁闷。

沟通是需要用语言来做支撑的。要做一个会沟通的人，我们要像准备弹药一样，让自己的谈资丰富起来。当你的谈资足够丰富的时候，你才能在沟通中通过观察谈话对象的反应，灵活选择对方感兴趣的东西，进而消除对方的心理戒备，博得对方的好感和信任，使沟通变得愉快而简单。

陈晓，我的大学同学，某知名IT企业优秀的销售员。几年的时间里，她的业绩一直是公司的第一名。很多人都在疑惑：是不是陈晓长得很漂亮？一般漂亮的女孩做销售比较有优势。有这样想法的人一般都有些鄙视心理，认为女性做销售成绩好，大多是靠姿色。但据我所知，陈晓长相普普通通，家庭条件也一般，她的成功源自一个非常好的学习习惯。那就是，她一定要看每天晚上的《新闻联播》，而且坚持认真记录那些重要内容。在她看来，《新闻联播》包含国家政策、国内国际等重要事件，这些东西虽然与销售关系不大，却能够成为与客户谈话的话题，不至于无话可说。

事实上，这些内容也确实成了陈晓的谈资，为她和客户的交流起到非常重要的作用。"我总是能够同客户很聊得来，因为无论国内国际上的大事，我都知道很多。其实，有时候不是客户太过固执，而是我们自己，缺少引起客户喜欢的谈资罢了！"陈晓坦言道。

"你是如何发现这一奥秘的？"我好奇地追问。

陈晓的脸微微地红了，回答道："刚参加工作的时候，我在人际关系里无所适从，别的人你一言我一语聊得很欢，我却总是不知道说什么。在客户面前更是如此，常常因为无话可说而陷入拘谨难堪的境地，可想而知，我的工作很长一段时间都处于停滞状态。"

陈晓长吁一口气，接着说道："后来，一次拜访客户时，我无意间发现，该客户正在观看奥运会的游泳比赛，而我本人很喜欢游泳，于是我们聊起了游泳。我对游泳知识的了解让那位客户迅速刮目相看，我们相谈甚欢。我绞尽脑汁想做成的一笔买卖，最后通过对方喜欢的话题轻松获得了成功……这让我明白，关键是把握住别人的心理和情感，随着他们的感情线索来选择谈话内容。而《新闻联播》上的新闻大多是当日国内外的重要新闻，是大众比较关心的焦点问题，对谁都适用。"

谈资是一个人人都应该关注的问题，而且内容越深入越好，涉及面越广泛越好。获取谈资的方式有很多，你可以像陈晓一样，从电视中获取，可以从网上获取，也可以从书上获取，甚至可以从与别人的聊天中获取。无论采取哪种方式，你都必须让自己拥有足够的谈资，而这是一个需要长期积累的过程。

对不同的人，在不同的场合，要说不同的话题。比如年轻人，可以谈的话题有时尚潮流、娱乐新闻等；如果是年岁大的，可以谈保健、养生等话题；对有知识的人，谈一谈图书、电影类话题，对方会受用；而对于街头小贩，聊聊最近的菜价行情，必定能引起他人的注意，也能衍生出更多可以讨论的话题。平时，可以多观察哪些话题可以引起哪类人的注意，进行总结和分类。据我观察，那些能在沟通中主导话题的人，大多是平时重视"谈资"并舍得投入的人，他们永远不会让自己外表光鲜，头脑空空。

把话说率真，不如把话说好听

"你会说话吗？"

如果有人这样问你，你一定觉得好笑至极，"说话这么简单的事，谁不会？"

至今，不少人已经意识到沟通的力量，并尝试通过说话与人交际，但据我了解，实际生活中确实有不会说话的人。这些人掌握不了说话的要领，也不了解沟通中的种种心理，经常会出现各种各样的问题，不但没有达到当初说话的目的，还会产生新的误解，甚至让人反感和生厌。

安萍是一个开朗活泼的人，待人非常热情，经常给朋友以热情的帮助，这种人本应该是很受欢迎的，可是周围的人总是很讨厌她。原来，安萍实在是不会说话，那张嘴只要一张开，总是让别人陷入难堪的境地，足以抹杀掉她在别人心目中累积的一切好印象。

有一位女同事平时不爱化妆，安萍总是揶揄："你怎么连妆都不化，亏你还是女人呢！"该女同事第二天打扮得漂漂亮亮，结果在公交车上被"咸猪手"了，一到单位就郁闷地抱怨自己倒霉。安萍见此，调侃道："你穿衣服太暴露了吧，要不，怎么别人没事，就你有事。"

该女同事瞪了安萍一眼，不再和她搭话。

单位里有一个男生，个子长得矮矮小小的，但是声音很好听。一次公司举行客户答谢会，这个男生自告奋勇当起了主持人。为了显示对公司和客户的尊重，他专门买了一套小西装穿上，还系上了领带。可能由于身材过于矮小，男生有些衬不起那套西服。见此，安萍当着大家的面说："别人穿西装都很帅，你穿着怎么看怎么别扭，甚至还有一些搞笑。不是我说，你怎么这么矮？以后找不找得到女朋友还是一个事，我真替你担心。"一席话，搞得该男生脸红脖子粗。

…………

你身边是不是也有这样一类人：他们人看起来挺好，但说出来的话总是那么难听，让人听了痛苦难受，甚至记恨多年，这就是不会说话的典型。

口能吐玫瑰，也能吐蒺藜。真正伤害人心的不是刀子，而是比它们更厉害的东西——语言，正所谓"恶语伤人六月寒"。因此，与人沟通的时候，我一直提倡言谈之间一定要注意措辞，多说好听的、让人受用的话，这样才不会得罪人。这是与人交往的基本修养，也是受人欢迎的关键所在。

生活中，我就遇到过这样的人，同样一句话，他只是换种说法就让人很喜欢，听他们讲话，你会在无形之中感到一种很舒服的感觉，就是那种如沐春风的感觉。

几年前，我曾在一家培训机构做助教工作，我主要负责的老师是40来岁的高先生。虽然他貌不惊人，才不出众，言语不多，却有着异乎寻常的吸引力，周围的许多朋友都喜欢和他在一起聊天。更神奇的是，各个行业最优秀的顶尖人才都愿意听他的课。

后来我观察得知，不管对话的角色是谁，高先生都能保持对等的心态，以尊重的心与他们说话，从来不会咄咄逼人。说话之前，他还会先站在对方的角度换位思考一下，再使用合适的方式与之交流，从来不会当众给人难堪，也总会使对方有台阶下。

在工作中，高先生更是秉承这种作风，当我们通过不懈的努力取得好成绩时，他总是及时地给予肯定。即便有时我们在工作中出了错，高先生也不会严厉地大加指责，而是引导我们总结错误："出现这样的错误，实在不应该。好好找找原因，争取下次不再犯同样的错误，好吗？"……

有时，如果我遇到什么问题向高先生汇报或请教，他总是微笑着，以感激的口吻说："辛苦了！"或以商量的口吻说："你看这样会不会好一些。"所以，每当我从高先生的办公室出来，心里都是暖暖的，哪怕是有些建议没有被采纳，我也可以从那儿得到一句让人心暖的话："这个主意不错，只是还不成熟，让我们再好好斟酌下。"

高先生亲和的说话方式，善意友好的语言让我如沐春风，也赞赏有加，逢人便说自己遇到了一位最值得尊敬和追随的好领导。

语言是个很奇妙的东西，一句说人笑，一句说人闹；一句能上天，一句能入地。即便是同样一句话，换一种表达方式，意义也会大不同的。

诸如此类的场景，生活中比比皆是。

比如，同样是宣布加班的事情，不会说话的领导会对下属们说："注意了，今天晚上完不成工作，谁都别想下班！"会说话的领导则会对下属们说："大家加把劲，工作干完咱们就下班！"虽然意思都是一样，但前者传递出的感觉是一种命令和压迫，让别人难以接受，后者则是一种温暖的鼓励，更顺耳一些。

哪一种表述更好，不言而喻。

不管是谁，都爱听好话。想要招人喜欢，就要说别人喜欢听的话，把话说到对方的心坎里。要想做到这一点，需要通过日常的观察和总结。据我观察，这种人在说话时重视别人的存在，尊重别人的感受，恶言不出口，苛言不留耳，而且多说一些表扬、鼓励的话。这种温和的方式总能令人心悦诚服。

君子不失足于人，不失色于人，不失口于人。

若你尚未达到这种程度，则须好好修炼自己的言语表达。

说话有趣的人，别人看着就高级

有人曾问我，"你最喜欢和什么样的人说话？"

我认真思索一番，再三确定之后，才做出以下回答："我喜欢和真诚的人说话，因为没必要设防；我喜欢和富有涵养的人说话，因其语言优雅动听；我喜欢和三观契合的人说话，因为有共同话题与情趣。但如果只能选择一种，那我喜欢和幽默的人说话，因为幽默是最有趣、最生动的语言。"

美国交际语言大师戴尔·卡耐基有句名言："关于沟通，除了词汇之外，最重要的就是'趣味'！"对此，我深以为然。

相信大家也都有这样的体会：和一本正经、不苟言笑的人聊天，我们往往会感到内心压抑沉重，继而在言语上会变得拘谨，无时无刻都想逃离，甚至还会想着以后再也不跟这种人打交道。而和幽默风趣的人聊天，心态就迥然不同了，不仅精神上感到轻松愉悦，交流氛围也会无比融洽，很可能聊天结束后还想着下次能再聊一聊。

上个周末我刚刚起床，就收到一位朋友发来的一封感激的短信，感激我在跟他聊天时无意间提到的一件事情让他的咨询工作有了突破。

这位朋友是一位心理咨询师，凡是走进他办公室的人，立马能感受到他强大的气场。无论是面对哭诉乃至愤怒，他总是一副不苟言笑的表情，表述明晰，分析理性，几乎看不到一丝情感波澜的起伏，也总能一针见血地指出问题所在，看起来非常专业、可靠。但奇怪的是，他的业务量非常低，因为"患者"们总是无法和他轻松地畅谈。

"生活中，你是一个非常幽默的人，工作中为何不如此呢？"我提议道，"或许你的理性和稳重，对那些或矛盾错综或情感困惑的当事者们来说，恰恰是一种束缚，让他们会有所拘谨，也不能以放松自然的状态和你交流。如果你能让别人发笑，在轻松愉快的笑声中，还有什么不能解开的结呢？"

听了我的分析后，朋友将信将疑，但表示可以尝试一下。

这天，一位年轻的小伙子前来咨询。他看起来十分苦闷、抑郁："我有一段特别失败的感情，五年了，我忘不掉她，一想起她来，我就难过到痛不欲生。"

"五年了，你还走不出来？"朋友追问。

小伙子痛苦地捂着脑袋，也不说话。

如果按照以往，朋友定会帮年轻人认真地分析"爱情是两个人的事，错过了大家都有责任，好好想想你的问题"，并鼓励年轻人振作起来,"失恋没什么大不了,它教会我们真正长大,懂得更多,让我们成熟起来"。"不要再缅怀已逝的情感,一个人总要有个新的开始,否则只会丧失更多身边的缘分"……

但这次,朋友一改先前的凌厉,笑笑说道:"要忘记一段感情,我倒是有办法!"

小伙子期待地问道:"什么办法?"

朋友:"那得看看你是个勤快人,还是个懒人?"

小伙子不解地问:"这有什么关系?"

朋友笑着回道:"你若是个勤快人,那就赶紧去找个新欢!你若是个懒人,就再拖一拖吧,时间是你最好的良药!"小伙子被逗笑了,接下来开始畅言。很明显,这段幽默式的开导比干巴巴的劝说好得多,不仅让谈话气氛变得轻松、愉快,而且会让两人很亲密。这一点不难理解,幽默能引发喜悦,带来欢乐,一笑之后彼此之间的距离还会远吗?彼此之间的隔阂没了,拘谨少了,轻松多了,整个沟通气氛就会祥和许多,接下来的谈话自然顺畅。

每个人的内心都向往轻松和快乐,每个人都喜欢与机智风趣的人沟通和交往,幽默感强的人,人际关系都不会差到哪里去,如此做事也更容易成功。正因为明白这点,在评价一个人的时候,我时常将幽默列为其中的重要一项。

前一段时间,我帮助朋友的企业招聘一位销售经理。有一位年轻人,学历不是最高的、经验不是最丰富的,一开始并不被看好,但最终却在众人中脱颖而出。为什么?他的幽默感给我留下深刻的印象。

面试中，我问年轻人："你认为自己最大的优点是什么？"年轻人答："像蚂蚁一样勤奋工作，像牛马一样吃苦耐劳，像猎狗一样忠诚无比。"这几个比喻形象又幽默，我接着问："你最大的缺点是什么？"年轻人答："我的缺点是太爱销售这一行，每当拿起一件商品，我总会不自觉地想，'这个商品的卖点是什么？''如何吸引消费者？'无论在哪里，无论遇到什么人，我总是第一时间想到向他推销，甚至有时上厕所，我也会忍不住……"

听到这里，我情不自禁地笑了，又追问道："那你怎样赢得顾客？"

"我总结了几条准则，"年轻人答道，"脸皮像城墙一样厚，嘴巴跟蜜罐一样甜，手像芥末一样辣……"

这个年轻人说话太有趣了，我笑着点点头，又问："你对薪金有什么期望？"

年轻人答："我是一头老黄牛，吃的是草，挤出来的是奶。"

这位年轻人的回答不仅灵活幽默，而且富有哲理，这比那些我们习以为常的正统回答妙太多了，充分显示了他的口才与智慧，自然能顺利通过面试。

和朋友说话时，我也一直提倡谈吐幽默。那如何幽默地说话呢？不少人向我提及过这个问题，我的经验是，平时多积累一些歇后语、俏皮话、谚语、俗语、熟语、成语，或一些趣诗、妙联、典故、专有名词，多听有趣的事，经常向幽默高手学习等。

但无论何时,你都应该记住,幽默不是交谈的目的,而是沟通的手段。真正的幽默不是简简单单的笑话,而是一种以高雅为依托的智慧,需要讲究场合,注意分寸等。能使人不停发笑的是小丑,而非优秀的伙伴,切莫本末倒置,让交谈反而成了一场作秀。

失意人面前，不说得意的话

当你正确时，千万别"秀"给那些错误的人看。

这句至理名言出自"海归"陈亚之口。他是一家汽车技术公司的工程师，头脑灵活，手脚麻利，需要两个工程师做的事情，他一个人做起来都游刃有余，并时常做一些技术上的创新，因此屡次被公司提拔。但他从来不会因此盛气凌人，说话总是和和气气。

前段时间，陈亚和小组成员就一个小技术问题发生争执，最终实验结果证明陈亚是正确的，但他依然像往常一样平静地工作，也不再跟任何人提及这件事，理由是："他们现在心情已经很不好，何必去添堵？"

"你总是这样，即便得意，也不显摆。"我由衷地赞叹道。陈亚轻轻一笑，再次提及自己的至理名言。"你年纪不大，怎么有这么深的觉悟？"我好奇地追问。接下来，陈亚向我讲述了自己曾经的一段经历。上大学时，陈亚因优异的学习成绩，在学校的资助下前往美国留学，并经导师介绍，寄住在一个美国家庭里，女主人叫露西。陈亚是一个懂事要强的人，平时的课业负担本来就重，但怕对不起父母的学费，他还要备考 SAT 和 ACT，参加各种社团活动。而回到家，他还主动帮助露西做家务，每天忙得像个陀螺。

但仅仅过了两个月的时间，在导师的回访电话中，露西却给了陈亚最差的评价——C。更糟糕的是，陈亚发现自己叠好的衣服总是莫名其妙地乱掉，露西一家也不再等自己一起吃晚餐，他每天晚上只能吃剩菜剩饭，有时甚至饿着。终于有一天，露西向导师提议，他们一家不再收留陈亚。

面对这一切，陈亚觉得委屈极了，他不知道自己什么地方做错了。离开的时候，当着导师的面，露西终于说出了自己的"无奈"："一开始，我们很欢迎陈亚的到来。但很快就发现，他总是和我们炫耀说又有几门功课拿了 A，又做了 Leader，成为 TOP1%……我也有孩子，他学习成绩并不好，尽管他很努力，每次听到陈亚的话，他总是自责甚至自暴自弃，这让我不知所措，只能用我所能想到的方式折磨陈亚……"

"露西一家一直为孩子的成绩发愁，这件事情其实我是知道的，可是当时我完全没有顾及。我的张扬和得意，不仅显示了自己的无知，更给露西一家带来痛苦。"陈亚无奈地耸耸肩，"自那之后，我明白了，别人失意的时候，千万别提自己的得意。"

心疼陈亚的同时，我也在想，如果当时他能够顾及一下露西一家人的心理感受，不频繁地提及自己的成绩多好，表现多好，是不是就可以和他们和睦共处下去呢？

看到这里，有人也许要怀疑露西一家过于"玻璃心"，可我想说的是，这其实是一种人之常情。我们不妨扪心自问，当自己失意之时，若他人在我们面前大谈他的得意之事，我们的感受会怎样呢？或许平时我们会礼貌地应和一下，可一旦处于失意阶段，这些得意的话听起来就会非常刺耳。

比如，当你好几天没吃好饭，正饿得饥肠辘辘的时候，一个人却不停地在你面前说五星级大酒店的自助餐多么美味；当你正在户外遭遇一场暴风雪，一个人却大谈特谈自己待在家里多么温暖，你是会羡慕对方，还是恨不得让他闭嘴？相信，没人会羡慕对方的好运，更不会喜欢听这样的话。

这是因为，人失意时情绪本来就很低落，内心也比较敏感，比平日里更容易多心。当有人秀自己的成绩和"优越感"时，就算是无心说的，这些话听来也是充满嘲讽和讥笑，我们会误以为对方在故意炫耀、嘲笑，并且对之产生不好的印象，甚至怀恨在心。

对此，这些年来，我总结出一套经验——"不在父母离异或去世的同学面前和自己的爸妈撒娇；不在失恋的朋友面前和爱人秀恩爱；不在正处于事业低谷期或遭遇失败的人面前讲自己升职加薪；不在正回忆过去的苦楚经历的人面前说自己曾经的辉煌……"

人都有得意的时候，也有能拿来炫耀的地方。当我处于一种高兴、开怀、兴奋的心境时，我会找同样心境的朋友，一起出去庆贺。这样彼此才能说得自在，玩得痛快，而不必担心出现话不投机的尴尬。如果难免遇到失意痛苦之人，我会尽量不提及与他们的失意有关的话题，更不说对他们会产生刺激的事。

当我处于一种难过、失落、迷茫的心境时，我会找处境相似的人诉苦，因为只有"同病"才会"相怜"，同是天涯沦落人，才能真正地彼此理解，获得精神上的安慰。而对于那些正处于得意阶段的人，我也会尽量不接触，以免自己的坏情绪影响到对方，也能避免自己的内心受到伤害。

这并不是我为人圆滑，而是说话要时刻考虑对方的处境和感受。

所谓人情世故，不过就是在自己可控的范围内不给别人"添堵"罢了。

抛出一个问题，制造共同谈趣

现在相信你已了解到，要想实现愉快顺畅的沟通，需要提前进行充分的准备和策划。但很多时候，并非所有的谈话在进行之前都会留给我们足够的时间和机会去准备和安排。在这种情况下，如果即将谈论的话题偏偏是自己所不熟悉的，该怎么办呢？

在这种情况下，通常我会利用提问的方式继续展开话题。我认为，面对自己不了解的领域和掌控不了的话题，与其硬着头皮不懂装懂地瞎扯，倒不如摆出一种谦虚求知的态度，通过提问把话题抛给对方，让对方为你答疑解惑，进而完成有效沟通。

人的内心都有被别人认可和欣赏的渴望，那么还有什么能比别人跑来向你"请教"，更能满足人们的这种渴望呢？试想，若是对方愿意向你请教，希望能得到你的建议或意见，并最终按照你的意见去行动，那肯定说明对方确实是认可且敬佩你的能力的，这往往比直接的称赞更能带来满足感和成就感。

接下来，问题来了：我们应该问什么？怎么问？问哪些问题？……

也许有人会想,天哪,提些问题而已,怎么讲究那么多?

是的,提问并非简简单单地把话题抛给对方就万事大吉了,这也是一门学问。如果你问题提得好,激发了对方的兴致,对方会回答得十分舒爽,同时也能体现出你的学识和情商等;而问题若是提得太蠢,那么抱歉了,恐怕根本就没人愿意理你,你还会给人留下不少负面印象。

有一年,我受邀在某论坛活动中发表演讲,之后接受了主办方的单独采访。那是一位青涩的年轻小伙子,据说刚刚毕业于北京某名牌大学新闻传播学院。年轻人朝气蓬勃,这让我对这次采访充满期待。

但不知是不是时间太过仓促,还是小伙子之前没做什么准备,正式采访开始之后,他提问的第一个问题是:"请问您这次演讲的主题是什么?"

听到这话,我当即有些不高兴,心中暗想,"怎么这么简单的问题还需要问我?在刚刚的演讲中,我已经做了详细说明。在采访之前,他连了解一下都懒得做吗?"但我向来愿意给年轻人机会,于是按捺住心中的不忿,挤出一丝微笑就演讲要点做了阐述。

我讲完后,小伙子又问:"您认为本次演讲成功吗?"

这问题一出来,我顿时不知如何作答。如果我说成功,难免显得我自负;如果我说不成功,又显得我不专业。想了想,我只好硬着头皮回答:"我是在尽己所能地对这次主题进行理解和阐述,但所有问题都有多个可能性,所以可能会有疏忽的地方……"其间,小伙子又问:"您现在取得演讲方面的专业证书了吗?""都有哪些?对您的职场生涯有什么影响?"

听到这些问题,我的脸色越来越难看。不等小伙子说完,我就直接打断他:"如果你想问的就是这些问题,你可以走了,不用浪费你我的时间,你回去自己上网一查,照着抄一遍,什么都有了。"

小伙子不说话了,这次采访不欢而散。

为什么后来我不再给小伙子"好脸色"?理由很简单:这个小伙子对待这次采访太不认真,提的都是些浪费时间的蠢笨问题!

为什么有人会提出蠢笨的问题?说到底,还是提问之前没有好好"做功课"。就像这位小伙子,他并非脑子不好用,而是因为不上心、不用心而已。如果他在采访之前,能认真听一听我在会议上的演讲,能用心查一下关于我的资料,就不会重复问那些轻而易举就能找到答案的问题,这场采访也不会以尴尬的方式收场。

那么,如何避免提出没有价值、浪费时间的蠢笨问题呢?我的建议是,在提问之前先问问自己:"我提出这个问题,是想要得到怎样的信息?""这些信息如果不通过向谈话对象提问,自己可以获得吗?"如果可以,那么请闭上嘴巴,跳到下一个问题。

要知道,有些事情如果不需要通过向别人提问,你就能轻松地获得答案,为什么不自己去想、去查呢?毕竟每个人的时间都是非常宝贵的。如果你的提问仅仅是为了让谈话能维持下去,而不在乎对方会给出怎样的答案,恐怕这场谈话已经失败了。毕竟,

洞悉人性
在复杂关系中让自己活成人间清醒

敷衍与交谈之间，天壤之别。

在沟通中，每一个问题的背后，其实都隐藏着一个人的认知。我之所以提倡提问前要思考，是因为经过自己的实践和思考后提炼出来的问题，往往会有一定的逻辑性和层次性，自然含金量更高，也能让对方在"为人师"这件事情上尽兴，并能借助所提问题拉近与周围人的关系，从而拥有更广的人际网络。

在电视剧《欢乐颂》中，邱莹莹和关关都曾因为爱情请教过安迪。

遇到胆小懦弱的应勤，邱莹莹哭着问安迪："我该怎么办？"

而关关则是在思考一番后，问安迪："真的要将就一份爱情吗？"

很明显，两个问题的深度不同，这是对人生的认知不同造成的。

问的问题越水，认知层次就越低；问的问题越干，认知层次就越高。一个人所提出的问题，如果比较有深度、相对系统，甚至能给人以启发，那么相信谈话对象一定也会乐于解答。而一个好的问题，可以让人愿意自发行动，竭力寻找答案。

不过，我要提醒大家，提问前一定要对对方有一定的了解，提问对方熟悉的、擅长的事情，这样才能让对方真切地体会到成就感和满足感。如果你所提问的问题，恰恰是对方不熟悉、不擅长的，效果就会大打折扣，甚至可能让对方产生误会，以为你的"提问"是故意给他难堪。

第五章

吸引的本质：你要努力为别人提供愉悦感

如何让萍水相逢，质变出怦然心动

通常来说，我们在判断一个人是好是坏时，受感性思维的影响总要比受理性思维的影响大一些。简单来说，相比头脑，我们往往更相信自己的眼睛和耳朵，以及先入为主的情感判断。

比如看到两个人争吵，一个强壮，一个瘦弱，大多数人下意识的第一反应都会认为瘦弱的那个人受了欺负；或者看到两个人产生争执，一个与你相熟，一个是陌生人，相信绝大部分人都会下意识地站在与自己相熟的人一边。

事实上，我们每个人或许都清楚，这种依赖感性思维的下意识判断在很多时候并不客观，但即便如此，不可否认的是，这种判断无时无刻不在人际交往中影响着我们的决定和态度。

前段时间，我参加了一位朋友的婚礼，这位朋友在婚礼上幽默风趣地向宾客们讲述了他漫长而艰辛的追妻历程。

朋友的妻子是个非常善良的女孩，十分喜欢小动物，是当地动物保护协会的骨干人物。

他们第一次见面是在大街上，当时朋友的妻子正和协会的人组织一场关于动物保护的宣传活动，在街上给路过的人分发宣传资料。那时候，朋友刚从北方的一个城市出差回来，拖着一个旅行箱，还拎着两个装衣服的纸袋子，每个纸袋子里装了一件毛茸茸的皮草，那是他小姨和姑姑托他顺道买回来的。

当时，街上惊鸿一瞥，朋友多看了妻子两眼，觉得这个姑娘长得挺顺眼，但并没有进一步的举动。巧合的是，就在第二天的饭局上，朋友又见到了他的妻子，这才知道，原来她居然是他的一个老同学的远房表妹。朋友说，那一刻，他就感觉这是命中注定，自己遇上了真命天女，自此展开了漫长的追妻之路。

朋友的追妻之路只能用四个字来形容：屡败屡战。遭遇了无数次的拒绝和白眼，最令他哭笑不得的是，直到许多年之后，他才从妻子口中得知，自己追求她之所以受到这么多的阻碍，起因就是在第一次见面时的惊鸿一瞥上。

那时不仅他留意到了妻子，妻子也同样留意到了他，只不过他注意到的是妻子温柔美丽的笑容，而妻子注意到的却是他提在手里的两件皮草……

讲完故事，朋友举杯，带着无奈又幸福的笑容说道："奉劝各位，以后遇到未来老婆，一定要争取留下个好的第一印象，否则，哥们儿我就是前车之鉴啊！"

在人际交往中，第一印象的影响确实是非常深远的，它会深深地留存在人们的潜意识中，并对以后的交往起到决定性的作用。

至于第一印象，究竟靠不靠谱？这不好说，但可以肯定的是，在人际交往中，它的影响力不容小觑。如果一个人给你的第一印象非常好，那么在之后的接触中，即便他偶然出现一些失误，你也会下意识地帮他"解释"，并原谅这些失误；但如果一个人给你留下了非常差劲的第一印象，那么在之后的接触中，除非他有十分惊人的表现，否则你很难不戴"有色眼镜"去看待他，甚至可能他根本就没有再继续与你接触的机会。

心理学家研究发现，通常来说，第一印象的产生只需要七秒钟。

而决定第一印象的几大因素则包括：容貌、语言、态度、穿着以及身体语言等。也就是说，如果你想要给对方留下好的第一印象，你就必须在第一次见面的前七秒里展现出漂亮的妆容、恰当的语言、诚恳的态度、得体的衣着，以及优雅的行为举止等。

听上去似乎很麻烦，但请相信，只要能把握住这七秒的优势，在之后的交际活动中，你将能取得事半功倍的效果。

那么，想要打造良好的第一印象，我们具体应该从哪些方面下手呢？

第一：视觉印象

初次见面，视觉印象绝对是最直观且最具冲击力的。良好的视觉印象，简单来说就是要让对方觉得你"好看"。这里的好看不仅仅指的是容貌，容貌大部分是由先天基因所决定的，有的人天生丽质，有的人相貌平平，这是没办法的事。但并非天生丽质的人，就一定能成功地给对方留下好的视觉印象，也并非相貌平平就没有办法让对方觉得"好看"。除了容貌之外，我们的神情、体态、衣着、气质等，也都影响着视觉印象的形成。

第二：内涵印象

如果说视觉印象是我们建立第一印象的"敲门砖"，那么内涵印象就相当于"中坚力量"。内涵印象主要是通过言语的交谈来展现的，你的学识、礼仪以及态度，都是可以通过语言的表达来展示。

第三：气质印象

气质印象就像香水中的尾调，香味最持久，挥发最慢，回味起来余韵无穷。气质主要是通过品位来体现的，有的人喜欢"装有品位"，但我们知道，有些东西是装不来的，与其强迫自己去展示自己没有的东西，还不如坚持"本色"，把最真实的自己展现出来。比如，有的人喜欢吃大蒜，而有的人喜欢喝茶，这其实就是品位不同，没有孰高孰低。但如果你明明是个喜欢吃大蒜的人，却偏偏要装得喜欢喝茶，那就真的是"四不像"了，反而会显得没有品位。

第一印象对人际交往确实非常重要，如果你发现自己总是与机会失之交臂，或者总是无法获得好人缘，一定要记得好好自省一下：是否有过言行不当的时候，以致给别人留下了差劲的第一印象，让自己输在交际的起跑线上。

中国式礼仪，是必须重视的问题

有学生曾问我：好的开始是成功的一半，那么在人际交往中，什么是好的开始呢？

在说出答案之前，我想先和大家分享一个真实的故事：

有一段时间，我侄女所在的高中聘请了一位心理老师，专门负责学生的心理问题，帮助学生纾解烦恼和压力。侄女对心理学方面的知识一直很感兴趣，在得知这件事之后，就兴冲冲地找了个时间去找那位心理老师"谈心"了，但结果却不尽如人意。

侄女说，当时她是和一位朋友一起去的，刚进办公室，那位年轻的心理老师就微笑着问了她们的姓名，原本一切都很顺利，但没说几句话，那位老师突然看着侄女"卡壳"了，半天憋出一句："那个谁……"原来是把她们的名字给忘了。

侄女说，在整个谈话过程中，那位老师问她们的名字就问了三次，最后还是没记住，她觉得自己很不受尊重。事实上，从听到那位老师说出"那个谁"三个字之后，她就根本没有任何心思再和他沟通了。

最后，侄女只感叹了一句："啊，虽然我完全不记得我们究竟说了些什么，但唯一可以肯定的是，他绝对是个极其差劲的心理老师，让人根本不想再见第二次！"

现在，我可以告诉你答案了。在人际交往中，好的开始就是——叫对称呼。

称呼是我们在社交活动中开口说出的第一个词，同时也是我们进入社交大门的通行证。一个妥帖的称呼，不仅可以迅速拉近我们与他人之间的距离，还能帮助我们赢得更多的印象分，从而更有效地展开话题。

在我的家乡，有一个流传很广的故事：

一位年轻人在荒野里赶路，眼看已经是黄昏了，但仍然是前不着村后不着店。正在着急的时候，年轻人突然看到前方有一个老汉，正晃晃悠悠地向他走来，年轻人赶紧策马过去，冲着老汉高声喊道："嘿！老头儿！知道前头离客店还有多远吗？"

听到年轻人的声音，老头儿满脸不悦地瞥了他一眼，冷声回道："五里！"

年轻人一听，五里也不算太远，便策马飞奔，继续向前，试图在天黑之前抵达客店。可没想到的是，一口气跑了快十里路，别说客店，连个人影都看不见。年轻人很生气，在心里把那老汉狠狠骂了一通，越想越不对劲，便掉转马头，决定追上那老汉教训他一通。

他一边走一边自言自语地嘟囔:"还说五里,都走了两个五里了……"说着说着,年轻人猛然顿住,这才醒悟过来,原来刚才老头说的不是"五里",而是"无礼"啊!想到自己方才无礼的样子,年轻人顿时羞愧难当。

幸运的是,他追赶上了那位老汉。这一回,他没有再像方才那样无礼,而是礼貌地鞠了一躬,亲切地喊了声:"老大爷……"这回没等他把话说完,老汉已经友好地对他说道:"客店你今晚是赶不到了,不嫌弃的话,倒是可以去我家暂住一宿。"

一个称呼,不过就几个字,偏偏就是这么重要。不管是那位忘记侄女名字的心理老师,还是故事中这位因焦急失了礼数的年轻人,他们都因为一个错误的称呼生生搞砸了一场谈话。为什么称呼这么重要呢?从社会经济学的角度看,称呼映射出一个人的地位与尊重;从心理学角度来看,称呼凝聚了彼此的距离与亲昵;从公共关系学的角度来分析:称呼折射了彼此的关系与隶属。简而言之,称呼所代表的不仅仅只是一个称谓,而是说话人的一种态度。

在现实生活中,除了一些比较固定的称呼之外,两个人之间的称呼往往会随着关系的亲密度或心理变化而有所改变。比如,关系较为陌生的时候,通常我们对彼此的称呼可能会是"×先生"或"×小姐";彼此相熟之后,说话和称呼也会越来越随意,可能直接叫"小×"或"老×";关系再亲近一些之后,甚至可能直呼对方的小名或彼此都有共识的绰号等。

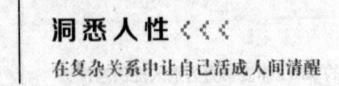

此外，在职场或较为正式的社交场合，通过称呼，我们往往也可以粗略判断出对方的身份或地位等，比如"×总"地位自然是高于"小×"的，"×爷"一听就是重量级人物，"×哥""×姐"通常是平辈之间的互称。

可见，在社交活动中，称呼是极为重要的，它所彰显的是一个人的地位和社会关系，而你对别人的称呼，也直接反映出你对对方的态度。

当你对对方使用尊称的时候，说明你在对方面前把自己的姿态放得比较低；而当你对对方使用蔑称的时候，则意味着在你眼中，对方的地位不值一提。

中国人讲究礼尚往来，你敬我一尺，我敬你一丈。相应地，你若是对我不讲礼数，我自然也无须和你讲什么人情往来。人与人之间的交往就是如此，你怎么样对别人，别人自然会以相同的方式回报，没有谁会喜欢用热脸去贴别人的"冷屁股"。

有礼走遍天下，无礼寸步难行。做人要讲礼数，这不仅是中华民族文化传统的要求，更是现代文明社会对每一个人最起码的要求，是一个人修养的体现。而称呼就是礼数的开始，你开口叫出的称呼，直接决定了你与对方在接下来的谈话中的关系与地位。

拥有独特的标识，别人的印象才牢靠

心理学家霍妮提出过这样一个理论：人的一生，是一个努力克服虚弱感，并在充满危机的世界里安身立命的过程。而为了实现这个目的，人会根据自己的情况选择一种人际策略，也就是我们所说的"人设"。

对于"人设"这个词，相信大家都不陌生，像现在的很多明星其实都在经营自己的"人设"，比如"老干部""吃货""元气少女"等，只要提起这些"标签"，人们就会条件反射地想到与之相对应的明星。

当然，除了明星之外，在高度网络化的今天，我们普通大众实际上也在工作或生活中有意无意地经营着自己的"人设"，给自己贴上这样或那样的"标签"。这样做的好处是，你能在最短的时间内给别人留下最深刻的印象，让别人记住你。

人是非常复杂且具有多样性的，要全面地了解一个人是件极其困难的事情，而"人设"实际上就是将人性中的一面提取出来，

洞悉人性
在复杂关系中让自己活成人间清醒

进行放大，让这一特性变得突出。在人际交往中，很多时候，我们并没有太多的时间让对方深入而全面地了解我们，因此，想要让对方在最短的时间里对我们留下印象，最直接有效的方法就是，将我们的"标签"亮出来，让对方一眼就能看到。

在这方面，日本人就做得非常好。日本人的名片非常有意思，像很多日本企业家，他们就非常喜欢用"语出惊人"的方式来给自己的名片润色。比如日本某电信公司的总经理，他的名片上除了自己的基本资料之外，还有这样一句注释："我是一个终极的掌控者"；某顾问公司的总经理，名片上则写着"新企业的创造者"等。

乐天公司是日本最大的网上购物配送企业，该公司的前董事执行官吉田敬就是个非常善于给自己"贴标签"、经营"人设"的成功人士。

吉田敬32岁加入乐天公司，做了一名程序员，后来又相继担任过公司的营业总部长、开发总部长、业务经理等职务，堪称公司业务的"多面手"。因此，每次在介绍自己的时候，吉田敬都毫不谦虚，直言自己是"乐天的全能人物"。他持有22张头衔各异的名片，而他常常给自己贴上的"标签"就包括"乐天的全能人物""工程师兼制片人""三头六臂式的人物"等。

每次与人初次见面，吉田敬在介绍自己时都会自信地说一句："我是乐天的全能人物。"听到这句话，几乎所有人都会立即对他产生强烈的好奇心，想要与他进一步交流，好看看他的话究竟是名副其实，还是过度自信。不得不说，他的"人设"确实能在第一时间就给人留下深刻的印象。

说到底，"人设"其实就是个人形象的一个缩影，你的"人设"越是鲜明，你呈现在别人面前的形象也就越清晰、越鲜活，而你给自己贴上的"标签"越简洁，相应地，你所经营的"人设"也就越鲜明、越突出。相反，如果你试图将自己所有的特点都变成"标签"，贴进"人设"，反而会给人造成一种模糊的、不利于记忆的形象。

比如，你给自己贴的标签是"吃货"，那么认识你的人在提及美食的时候，往往就容易条件反射地想到你；但如果你贴的标签过多，包括"吃货""热爱运动""毛绒控""猫奴""化妆品专家""时尚人士""素食主义者"……那么抱歉，别说记住你了，我们恐怕连你的"标签"都记不全！

我的一位朋友是某公司的 HR，有一次闲谈时，他说起了自己一次招聘经历。那时已经进行到了最后的环节，他们要从最后的两名应聘者中选出一个人。从客观条件上看，这两名应聘者无论学历还是能力都不相上下，于是朋友决定让他们再进行一遍自我介绍，说明自己的优缺点。

第一位应聘者把自己的情况事无巨细地说了一遍，尤其在提及优点时，就连自己擅长做饭都特意提了出来，试图以此来增加自己获胜的筹码。

与之相反，第二位应聘者的介绍却极为简练，他说道："我有着非常过硬的专业知识，善于沟通，十分擅长处理与客户和同事之间的关系。"

最后，朋友选择了第二位应聘者。他说："公司招聘的是人事部门的职位，我只在乎他们究竟是否能够担任这个工作，符合这个职位所需的要求，至于其他，关我什么事呢？"

第一位应聘者失败的根源就在于，他太想凸显自己了，于是给自己加上各种各样的"光环"，恨不得把自己优点全部都铺在面试官的面前，让他们看看自己有多优秀。殊不知，有时候，重点太多最后反倒成了没有重点。第二位应聘者就聪明多了，他知道公司需要什么样的人，所以只向面试官抛出一个"标签"，一个符合公司需要的"标签"，从而一击即中。要知道，对于面试官来说，相比"你是什么样的"，他们往往更在意"我们需要什么样的"。

在人际交往中，经营人际关系其实就像推销产品一样，只不过我们需要推销的这件产品就是我们自己。产品推销得好不好，很大程度上取决于广告做得好不好，而我们给自己贴的"标签"就相当于一则广告宣传语，给自己经营的"人设"则相当于广告形象。只要能让别人认可我们的广告形象，记住我们的广告宣传语，我们的自我推销便是成功的。

热情——令人无法抗拒的魅力

在所有令人动容的品质中,热情是最令人无法抗拒的。你或许会嫉妒一个人的聪明,或许会嫌弃一个人的精于算计,或许会畏惧一个人的多谋善断……但若你面对的是一份纯然的热情,相信很少有人能够抗拒。

1946年,美国心理学家所罗门·阿希进行过一次试验,那次试验被称作"热情的中心性品质"。阿希教授将参与试验的志愿者随机分成两组,然后在一张纸上列出与人格有关的七项品质,包括勤奋、聪明、实干、谨慎、熟练、坚决、热情,并将这张纸拿给其中一组志愿者看。然后,阿希教授又在另一张纸上写下与之前那张纸几乎同样的内容,唯独只将"热情"替换成"冷酷",并将这张纸给另一组志愿者看。

令人意外的事情发生了。第一组志愿者对阿希教授在纸上所描述的这个"人"给予了极高的赞誉,认为他必然是个极其优秀的人;而第二组志愿者对阿希教授在纸上所描述的这个"人"没有多好的评价,他们甚至对这张纸上的"人"产生了敌意和仇恨,认为这个家伙很可能是个极其恶劣的浑蛋。

这实在是太有意思了。要知道,两张纸上的内容,唯独只有一点不同,那就是一个写着"热情",一个写着"冷酷",其余六项品质都是一模一样的。然而,偏偏就是这么一点不同,给人们留下天壤之别的印象。

从这个试验中,阿希教授认为,在人类的种种品质描述中,热情与冷酷是人类品质的中心,它决定了其他一些相关品质的有和无,包含更多有关个人的内容,甚至在极大程度上决定了我们是否能被人们所喜爱、所接纳,故而"热情—冷酷"被阿希教授称作"中心性品质"。

在人际交往中,一个人最令人难以抗拒的魅力就是他的热情。无论是在工作还是生活中,一个充满热情的人都是很难让人产生厌恶感的。热情是最能感染情绪的一种品质,它就像阳光一般,能够带给我们光明和温暖,让我们在光明与温暖之中体会到美妙的心境,从而产生由衷的愉悦与兴奋。

试想一下,假如你有两个搭档,他们同样都很优秀,工作都很卖力。一个脸上总是挂着笑容,见到你会热情地和你打招呼,与你攀谈,关心你的点点滴滴;另一个则始终冷若冰霜,对你爱搭不理,哪怕你试图去接近他,向他伸出友谊的橄榄枝,他也依旧冷漠以对,没有丝毫热情。你会更愿意和哪一个搭档共事呢?

再试想一下,假如你有两个邻居,他们长得同样俊美不凡,性格却截然不同。一个邻居热情开朗,每天见到你都会向你点头致意,顺便奉送一个灿烂的笑容,有时你们甚至会攀谈两句,对彼此的生活进行友好的试探与关心;另一个邻居则总是冷漠又疏离,从不和任何人打招呼或寒暄,仿佛没有感情的机器一般,你休想在他脸上看到任何情绪波动与变化,也别指望能从他身上感受到哪怕一丝的友好。你会更喜欢哪一个邻居呢?

我的朋友蒂芬妮是位留美生物学博士,自从移民之后,她已经在海外居住了15年。在回国之后,她很快就交到了一个新朋友,令人讶异的是,她的这位新朋友既不是和她一个专业的教授或学生,也不是和她住在一个小区的邻居,而是一位开小餐馆的东北老板娘。

不管从哪方面来说,蒂芬妮的这位新朋友看上去和她都是格格不入的。她们的生活经历没有丝毫相似的地方,学历天壤之别,就连她们的品位和审美都有着巨大的差距,可偏偏就是这样两个几乎完全没有任何相似点的人,却成了朋友。

面对大家疑惑不解的目光,蒂芬妮微笑着讲述了她和这位新朋友结识的过程。那是她回国之后的第四天,独自一人到医院做了一个小手术,然后又独自从医院离开。那时候她感到自己很虚弱,不仅是身体上的,还有心理上的。骤然升起的无力感,让她很想找个地方休息一下,于是便在这种偶然之下进入一家不起眼的小餐馆,那是她平时根本不会来的地方。然而就是在那里,她从陌生而热情的老板娘身上感受到了无微不至的关怀。

119

回想起那时的情景，蒂芬妮笑着说道："你们可以想象吗？在我身体最虚弱、心灵最脆弱的时候，我看到了她灿烂的笑容，听到了她爽快的声音，纵使我们从来不曾见过面，但她的热情与关怀却仿佛严冬过后的第一抹春光一般，瞬间就照亮了我的心，让我感受到了由衷的温暖与快乐。我是这样喜欢她，她似乎每时每刻都充满热情，只要待在她身边，我就仿佛能从她的身上汲取力量一般！"

热情就如同心灵的兴奋剂一般，深植于每一个人的心间，只要一个触发的契机，便能将它点燃，如烈焰般燃烧我们的整个身心。从某种程度上说，热情甚至能直接影响到我们的思维与情感，激发我们内在的潜力，让我们焕发出神奇的力量。热情是一种无可抗拒的魅力，让人避无可避。

美国思想家爱默生曾经说过："如果没有热情，那么任何伟大的事业都是无法达成的。"热情是生命的原动力，是人与人在交际场上的催化剂。当一个人有着充分的热情与活力时，他就如同人群中的发光体一般，有着无穷的魅力，吸引着每一个人向他靠近。而那些靠近他的人，在感受到那涌动的热情时，就仿佛能够从中汲取力量，创造奇迹一般。热情是生命的动力与激情，让人无所畏惧。

如果你用心观察，一定会发现，那些幸福的人，无一不是对生活充满热情的人。他们开朗、快乐、乐于助人，愿意向所有人表达善意，展露热情，所以无论走到哪里，他们都会受到人们的欢迎与喜爱。而那些冷酷无情的人，他们在将别人拒之千里的同时，也封闭了自己的心门，告别了生活为他们准备的幸运与惊喜。

曾经有一位广告业的 CEO 在谈及员工招聘的问题时，就曾说道："我招聘员工，首先得看他的性格，是否开朗外向，对工作和生活有没有热情，如果他有令人愉快的性格，那么哪怕能力有些许欠缺，我也愿意给他一个机会；反之，如果他的性格实在不讨喜，那么即便惊才绝艳，我大概也不会选择他——我可不想让他把我的客户给吓跑了。事实上，我曾经就犯过这样的错误，就在昨天，我解聘了一位性格非常冷淡的员工，我对他的工作没有什么不满，但每次我看到他的时候，都会有种乌云盖顶的感觉。他就像一个可怕的黑洞，只要站在那里就能吞噬我积极的能量，这对我想营造的工作氛围可是极为不妙啊！"

热情的人总是如同朝阳一般，与他们站在一起，便能让人远离黑暗。热情是真善美的使者，是遍地开满的鲜花，是吟唱美妙歌儿的吉祥鸟。我们追求光明，而热情恰恰正是最温暖的光明。

想要关系玲珑，就绝少不了热情

在人际交往中，不管多么公正客观的人，都不可能完全摆脱情感的影响。当我们喜欢一个人的时候，自然而然就会产生与对方亲近的渴望，也自然而然地会给予对方更多的宽容与优待；相应地，当我们讨厌一个人的时候，自然而然就会生出排斥的心思，甚至"恨屋及乌"，习惯以最大的恶意去揣测对方的行为。

事实上，这是非常正常的现象，尤其是在某些不触及原则或利益，并且没有明显是非对错之分的事情上，人们显然更乐于遵从情感的选择。比如在做游戏时，如果可供你选择的合作对象能力不相上下，你自然会选择让你在情感上更有好感的那个人；或者在招聘时，当成百上千的面试者经过重重筛选之后，符合招聘条件的人还剩下许多，不管你选择谁，他们都能胜任这个岗位，面试官自然会愿意选择看着更顺眼、更能讨他喜欢的那一个。

所以，在人际交往中，能不能获得别人的好感，让别人对你产生好的印象，这是非常重要的，这对你之后与对方的交往和发展都有着非常大的好处。

　　几个月前,我的一位女性朋友王小姐通过相亲结识了一位男士陈先生。王小姐说,她几乎瞬间就坠入了爱河,他们的第一次见面实在是太美妙了,两人聊得十分开心,惊喜地发现双方有着许多共同点,简直是相见恨晚,一见如故。

　　王小姐喜欢绘画,而陈先生在绘画上恰好有着优秀的鉴赏能力;王小姐喜欢看恐怖电影,而陈先生也恰好在这类型电影上涉猎甚广;甚至就连喝咖啡的时候,两人也都默契十足地选择了蓝山咖啡……

　　就在所有人都为王小姐感到高兴,以为她终于遇到真命天子,喜事将近之际,王小姐和陈先生却彻底否定了与对方发展成为恋爱关系的可能。这实在太出人意料了。要知道,就在一个月之前,王小姐说起这位一见如故的佳偶时,还是一副甜甜蜜蜜的样子呢!

　　后来,谈起这段还没开始就已经终结的"爱情"时,王小姐说道:"我们虽然有许多的相似之处,但却有更多背道而驰的地方。刚相识之际,看到的就是那相似的两三分,通过自己的脑补,以为剩下的七八分大约也是契合的。可真正接触多了才发现,其实除了那两三分之外,剩下的七八分全都不合拍。"

　　如今,王小姐和陈先生都已经有了各自的爱人,而他们的友谊却一直延续了下来。很多认识他们的人都觉得奇怪,两个不管是性格还是爱好都有诸多不同的人,究竟是怎么成为朋友的?每

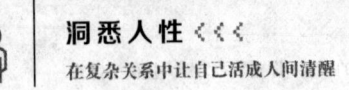

每有人问起，王小姐都会无奈地叹息："谁让他太会聊天，制造了和我一见如故的假象呢？等发现真相的时候，友谊的桥梁都已经搭好了，也不能说拆就拆吧！"

我们每个人都具备强大的脑补能力，常常是看到一部分东西之后，就会自然而然地"推断"出全貌。且先不说这种"推断"是否靠谱，至少可以肯定的是，在真正的事实呈现出来之前，我们对自己的"推断"总是深信不疑。

就像王小姐初遇陈先生时的心动，很大一部分不就来源于她自己的脑补吗？因为窥见对方身上与自己相契合的某一部分特质，于是就先入为主地以为对方与自己有着全然的契合，从而产生好感与期待。最后，虽然事实不尽如人意，但就像王小姐说的，由于前面的铺垫实在太美好了，付出的感情和期待已经搭建起友谊的桥梁，到了这个时候，即便再发现对方并不像自己所期待的那样美好，对他的包容也总会比对不相干的陌生人要更多一些，哪怕不能携手一生，至少还是能保持和谐、友好的关系。

可见，所谓的一见如故，实际上都是谈出来的。交谈是一种艺术，同时也是一门技术，只要掌握了这门技术，和谁你都可以"一见如故"。

注意，这样说的意思并不是鼓励你去成为一个溜须拍马的人，更不是让你为了迎合别人而无中生有地捏造自己的形象。虚假就是虚假，哪怕创造得再完美，也终究会有崩坏的一天，等到那时，真相显露，造假者便只能被打入无底的深渊。能够长久留存的东西，必然是建立在事实的基础上的，假装永远无法长久，谎言也总有被说破的时候。

可能有人会说，你刚才还讲要掌握谈话的技术，创造和别人"一见如故"的印象，现在又说不能造假，那不是前后矛盾吗？

当然不是。众所周知，世界上没有两片完全相同的树叶，也不会存在完全相同的两个人，反过来说，世界上也不会存在两个完全没有一丝一毫共同点的人。所以，想要制造"一见如故"的感觉其实很简单，我们只要找到自己与对方的共同点，并有意识地将这部分共同点展露出来就够了，这样一来，我们不用撒谎，而对方也会自觉地发挥强大的脑补能力，从而缔造出"一见如故""相见恨晚"之类的感觉。就像陈先生和王小姐那样，他们二人相契合之处不过两三分，但善于交际的陈先生却可以凭借这两三分，在初次见面中给王小姐留下最好的印象，从而收获一份长久的友谊。

知道怎么笑的人，走到哪里都有感染力

曾在某本杂志上看到一个很有趣的连环画：

一个小男孩阴沉着脸走在路上，心情很差的样子；他遇到一条小狗，便愤怒地朝着小狗一脚踢了过去，小狗被惊吓得狼狈逃窜；无端受到惊吓的小狗变得犹如惊弓之鸟一般，瞧见一个西装革履的老板走过来，便愤怒地冲着他"汪汪"狂吠起来；莫名被小狗吼叫的老板心情变得很差，一进公司就冲女秘书大发雷霆；被老板骂了的女秘书很不高兴，一回家就冲丈夫发了火；无辜被骂的丈夫情绪很差，第二天到学校之后，把自己班上一个调皮的小男生一通臭骂；巧合的是，被老师臭骂的这个小男生正是之前那个阴沉着脸、心情很差的小男孩，于是，小男孩再次怀着恶劣的心情，在回家路上又毫不留情地踹了一条小狗……

连环画中所描述的状况，在心理学上被称为"情绪链"，也叫作"情绪传染"，简单来说就是一个人的坏情绪往往会影响到身边的很多人，就好像会传染的疾病一般，情绪也是具有传染性的。

很多人应该都有过这样的体验：和一个情绪不佳的人待在一起时，自己的心情也会不由自主地变得比较低落；看到别人对你微笑的时候，嘴角往往也会不由自主地扬起；看到身边的伙伴因遇到好事而神采飞扬时，自己的心情也会变得松快起来；听到别人悲痛的哭声，自己仿佛也感觉到了悲伤……可见，情绪是可以相互影响的，和快乐的人在一起，你也会变得快乐，而和痛苦的人在一起，心情自然也很难变得飞扬。

我们生存于世上，最大的追求莫过于人生的幸福与心灵的满足，我们所做的一切事情皆是围绕这个目的去进行。人际交往中也是如此，我们会自然而然地亲近那些能够给我们带来快乐的人，也会自然而然地远离那些让我们感到痛苦和不快的人。所以，我常常会提醒我的学员们，想要拥有好人缘，想要成为人人都想亲近的人，最好的方法就是，时刻保持微笑和好情绪，用积极的态度面对人生。

乔岚是我以前的一名学员，他是个股票经纪人，专业能力很强，但奇怪的是，他的业绩却一直都上不去，客户似乎很不喜欢和他打交道。不仅如此，平时在生活中，乔岚的人缘也比较差，很难交到朋友，这让他感到十分苦恼。

事实上，只要有机会接触，你会发现乔岚这人非常不错，讲义气，也懂礼貌，没有什么让人难以接受的缺点。但唯一的问题就是他很少笑，经常是一副"严肃脸"，看上去就好像一直在发脾气似的，尤其是在面对陌生人的时候，这种情况就更严重了。也

洞悉人性
在复杂关系中让自己活成人间清醒

因为这样,他在业内甚至有个绰号——"最闷闷不乐的股票经纪"。

在乔岚向我倾诉了他的苦恼之后,我只给了他一个建议:常常保持微笑。虽然他对此感到有些怀疑,但还是决定试一试,毕竟这是件很容易就能做到的事情,不会给他造成任何损失。

大约一个月以后,乔岚又出现在了我的面前,脸上破天荒地带着一丝笑容。要知道,认识他这么久,我都鲜少看见过他笑,这确实是个神奇的"景观"。乔岚告诉我,微笑给他带来了巨大的惊喜。

前阵子,他去和一位客户谈生意,本以为又会是竹篮打水一场空,毕竟这位客户他之前也接触过几次,能明显感觉到对方似乎对他并无好感。在出发之前,他一直默默告诉自己,要记得微笑,结果那次谈判居然异常顺利。签订合同之后,乔岚很好奇地问那位客户,究竟是什么打动了他,让他这么干脆地和自己签合同。当时那位客户是这样回答乔岚的,他说:"以前常常听人说你是个不会笑的股票经纪,之前见过几次,你也确实从没给过我什么好脸色,结果这回你居然笑了,太让我惊讶了。一时激动和你多聊几句之后,发现你人不错,业务能力也挺强,自然就选择你了。"

客户的话让乔岚惊讶不已,他怎么也没想到,微笑的力量居然这样强大。从那之后,他时刻都会在心里提醒自己:"快,嘴角上扬,你得微笑起来!"然后,他收获到了许多从前没有得到过的东西,邻居友好地向他打招呼,陌生人对他回以温和的笑容,甚至还有个漂亮的女孩子在街上主动地和他搭讪……

可见，在人际交往中，微笑确实具有神奇的力量。你越爱笑，人们就越容易对你产生好感，你的身边自然也就会越热闹。

发自内心的笑容，既能让自己感觉到幸福，同时也能带给别人温暖，这是一种原生态的吸引，会让人产生一种被认可、被喜爱的安慰感。美国密西根大学的心理学教授麦克尼尔博士曾发表过这样一段讲话："通常来讲，那些习惯面带微笑的人，比起那些总是紧绷着脸孔的人来说，更容易在经营、贩卖以及教育等方面获得成功。相比绷紧的脸孔，微笑显然蕴含着更为丰富的情感。"

当我们身处陌生的环境时，一个微笑往往就能安抚忐忑不安的心；当我们与他人产生芥蒂时，一个微笑便能让仇怨泯灭；当我们遭遇艰难，深陷困境时，一个微笑就能带来鼓励和希望。微笑是所有交际语言中最具感染力的表情，也是化解一切尴尬和距离的"利器"。

爱笑的人，运气往往不会太差，因为一个能够时常保持微笑的人，必然拥有积极的心态，能够时常保持愉悦的情绪。和这样的人在一起，我们的情绪和心态也会受到感染，从而变得积极阳光起来。所以，爱笑的人通常都拥有好人缘，而拥有好人缘的人，自然更容易得到贵人相助，运气又怎会差呢？

最吸引人的永远是——未完待续

众所周知,语言交流是人际交往的重头戏,也是彼此感情升温的桥梁,你和对方能不能聊得来,直接决定了你们之间感情发展的亲密程度。因此,那些不擅长交际的人,大多都有一个弱点:不擅长聊天,很容易成为"话题终结者"。

想要让一场谈话不断地继续下去,只有两个办法:一是扩展话题内容,让话题不断继续下去;二是不断地抛出新话题。

如果将谈话看作一场战争,话题就好比我们手上的弹药。想要赢得这场战争,弹药是否充足固然重要,但与之相比,更为重要的则是,你在使用弹药时的命中率。如果你的命中率很高,能够让每一颗子弹都发挥作用,那么即便弹药不是那么充足,也能给敌人造成极大的"杀伤力";但如果你的命中率极低,即便坐拥一个军火库,所能发挥的作用也是非常有限的。而谈话中的"命中率",往往取决于你所拥有的能够引起对方兴趣的话题。

英国心理学家唐纳德·布罗德本特提出过一个"过滤器"理论。

该理论认为，人的神经系统在加工信息的容量方面是有限的，不可能将所有的感觉刺激都进行加工。当这些信息通过各种感觉通道进入神经系统的时候，首先就要经过一个"过滤器"，这个过滤器会对信息进行一定的选择，留下某一部分信息进行加工，而将其他信息阻断在外，让它们完全消失。

比如，我们可以回忆一下，昨天一整天我们都遇到了哪些事情。我们可能还记得早餐究竟吃了些什么，味道如何，但未必能想起给我们端早餐的服务员擦了什么颜色的口红；我们可能还记得昨天的天气如何，是冷是热，但未必能回忆起早晨碰到的邻居穿了一件什么颜色的外套；我们可能还记得上班路上见到的某张令人印象深刻的漂亮面孔，但未必能回忆起碰见过的每一个陌生人的面容……

那些消失的记忆，实际上正是被"过滤器"所过滤掉的信息。没办法，我们每天所接收到的信息量实在太过庞大，不可能把每一条信息都留存下来，这会对我们的大脑造成很大的负担。所以，通常来说，只有那些能够引起我们兴趣的信息，才有可能被我们的大脑所记住。换言之，一场谈话是否能令人们感到印象深刻，最关键的一点在于，这场谈话的内容是否能够引起当事人的兴趣。

很多时候，我们能够为一场谈话所争取到的时间是极其有限的。试想一下，在一次大约十分钟的谈话里，你只能浪费2~3分钟的时间去试探对方，找到能够引起对方兴趣的话题，在接下来的七八分钟内，你所能做的就是尽可能通过这个话题给对方留下

131

深刻的印象。

是的,你不可能一直更换话题,不断抛出新话题虽然可以保证不让聊天出现冷场,但如果这些新话题压根儿就不能戳中对方的兴趣点,你们之间的交谈最终便都只能成为被"过滤器"过滤掉的残渣废料。所以事实上,我们想要让一场谈话不断继续下去,是"有效"地继续下去,就得在努力找到让对方感兴趣的话题之后,尽可能地扩展话题内容,保证能够与对方一直"有话可聊"。

那么,我们如何才能把一个话题不断地扩展延伸下去呢?其实,关键还在于一点:不要过早地下结论。

结论是话题的终结,当你对一个话题下了结论之后,这个话题自然也就没有再继续探讨下去的必要了。就好像看电视剧一样,一旦剧中所有的疑点都能找到答案,所有的人都有了归宿,那么所讲的故事也就只能结束。而一锤定音之后,这部电视剧对我们自然也就不再有吸引力了。如果想让人一直记挂这部电视剧,我们就不能让它走向结局,必须不断地抛出新的"疑点",让它始终"未完待续"。

举个例子,比如我们以"A君最近正和老婆闹离婚"这一事件作为话题,来和对方展开讨论,可能会展开这样的对话:你:"你听说了吗?A君最近正和老婆闹离婚呢。"对方:"那件事啊,还真听说了一些,好像是A君和他的秘书关系不清不楚,被他老婆发现了吧?"你:"是啊,A君真不是东西,我和他们夫妻俩都挺熟的,A君老婆人不错,要我说,这次的事情,完全就是A君的责任，太不是东西了！"对方："是吗？我倒是和他们不太熟，不怎么清楚他们的事……"你："他们家和我家一个小区的，天天抬头不见低头见，A君的那些破事，小区里基本上都传遍了。这次的事情，全都是A君的责任。"

话题到这里之后就只能结束了，因为你已经对该事件下了结论。你对A君一家比你的谈话对象要更熟悉，你所知道的事情也比对方知道得更多更详尽，所以在你已经得出一个肯定的结论之后，还指望对方能说什么呢？

但我们可以试想一下，假如你没有急着下结论，而是不断地抛出新的"疑点"，让这个话题一直"未完待续"，又会发生什么呢——

你："你听说了吗？A君最近正和老婆闹离婚呢。"

对方："那件事啊，还真听说了一些，好像是A君和他的秘书关系不清不楚，被他老婆发现了吧？"

你："是有这么一回事，A君老婆其实人挺好的，不过夫妻间的事情，实在不好说啊。"

对方："是啊，A君的老婆我也见过几次，不过不是很熟。但就这次的事情来说，A君的责任还是比较大的吧？"

你："我也这么认为，且不说他们夫妻感情怎么样，出轨这种事情，怎么说都是不占理的。"

对方："也可能背后有什么事情我们都不知道，毕竟两口子的事，恐怕连他们两口子自己都捋不清楚。不过，A君的秘书也真是，明明知道他结婚了……"

你:"是啊，听说那个女孩挺年轻的，才刚大学毕业吧……"

瞧，只要不下结论，这个话题就有无限的可能，你们可以一直讨论下去，从 A 君的离婚事件谈论到对婚姻家庭的看法，展开对出轨问题的探讨，甚至还能分享一下彼此对夫妻问题的处理心得等。你们可以以此为基础，不停地发散思维，发表自己的意见与看法，在倾听、反驳以及相互争论、探讨的过程中，把话题不断地延续下去。

第六章

人性的运用：把迎合做成一件得心应手的事情

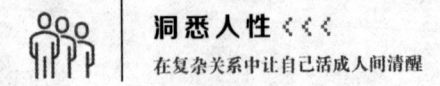

真巧，咱俩的兴趣竟然是一样的

我们都听过这样一句话："物以类聚，人以群分。"也就是说，相同的兴趣爱好，是成就友谊的前提。日常生活中，我们会有这样的体会：如果在对方身上能够找到某些和自己相似的地方，即使是初次见面，内心也会瞬间产生亲切的感觉。

比如，对方和你开同样的车、和你有同样的口音、和你玩同一款网游，等等，这样的情况下，哪怕是不认识的陌路人，你也会有兴趣和对方聊上两句。

从心理学的角度来说，这是人们潜意识中趋于同类的安全感追求，有了共同点，觉得对方能体会到自己的快乐和痛苦，就会在心理上产生归属感和安全感。

有朋友分享过这样一段有趣的经历：

他是一家食品深加工生产厂家的销售经理，为了让自己的奶油产品打入一家全国连锁的蛋糕企业，他把目光瞄准了这家连锁企业的总裁。

为了接近这位总裁,他可谓费尽心思,各种渠道托关系介绍不说,只要听说有这位总裁参加的活动,都一定想办法参加,为的就是能多跟这位总裁见见面、聊聊天。然而事与愿违,半年多过去了,这位朋友的收获只能说是尴尬——成功地与那位总裁成为泛泛之交。

在这样的情况下,他滔滔不绝地说服别人的技术,在这位总裁面前似乎失效了。无论他怎样游说,总裁总是敷衍了事,看上去态度坚决,没有一点愿意合作的意思。

这可不是他最初所期待的结果。我的这位朋友开始寻求其他途径,他留意到,一次在总裁办公室,无意中看到书架上除了一些大部头和商界书籍之外,还有整整一层的当代散文以及散文诗的书。他之所以会留意到这些,是因为他从高中开始就坚持订阅散文诗杂志,许多书名和作者一看就非常眼熟。

于是,他转而从这方面入手打探消息。这一了解不打紧,原来这位总裁竟然是某知名散文协会的副会长,而且近期该协会正在进行新一届的会长推选。这位朋友于是转变策略,在一次闲谈中与总裁谈到自己当年对散文诗的热爱,继而谈到一些作品和作者以及当代文坛的一些事情。

没想到,这一下打开了总裁的话匣子,一口气讲了足足半个小时都没有停歇!看到对方激动的样子,这位朋友心里一下子有了底,有种柳暗花明的感觉。

之后的一段时间里,两人的关系成功地由"泛泛之交"提升到"志趣相投",每次见面都有话题可聊。虽然聊的并不是采购奶油的事项,但我的这位朋友知道,事情很快就要成了。果然,两个月之后,该蛋糕连锁企业与我这位朋友的企业签订了长期的奶油原材料供货合同,双方皆大欢喜。

生活中,无论是身居高位还是凡夫俗子、圣贤哲士,每个人都有自己的兴趣喜好,在人际交往中,倘若我们能够尽量满足对方的兴趣和喜好,那么他就会很乐于接纳我们。有些时候,如果你能更进一步对其加以利用的话,一切就会变得得心应手,称心如意。

不过,凡事要透过现象看本质,我对于这件事情有着更深入的思考和收获。在我看来,这是一个很有意思的事例,我们不妨再来分析一下:

我的这位朋友是销售经理,按照常理,他需要专业知识精熟,谈判技巧一流,才最有可能打动客户,赢得合同。

可事实并非如此,他的专业知识和谈判技巧根本就没有起到作用,反而是业余爱好充当了合约的"钥匙",打开了客户的心门,并最终达成目标。

这让我想到一个心理学小故事:假设我有一个鱼缸,鱼缸中那些五彩斑斓的小鱼,是我的谈资;而对方也有一个鱼缸,那只鱼缸里的小鱼,同样也是他的谈资。现在,"我"同"他"开始交流,相当于我们从各自的鱼缸中拿出"小鱼"来进行配对。

这时候重点来了——我这边拿出哪条小鱼,更适合他那边拿出的小鱼呢？是"玉兔"还是"鹅头红"，抑或"红珍珠"？这就很难说了。

很多时候，我们在同别人交流时，所聊的内容未必会是对方想听的，因为我们不能确定"玉兔"还是"鹅头红"更适合对方的"小鱼"。如果配错了对儿，真正适合对方的"小鱼"就只能浪费了。这样的浪费，不仅会使我们废置真正有用的谈资，又不能达到预期的沟通效果——这就有些得不偿失了。

这就如我前面所说的那位朋友，他先是从自己的谈资里拿出各种颜色的金鱼，也没有跟对方"配上对"，最后倒是不经意中拿出"散文诗歌"这条"金鱼"，才最适合这位总裁。

很多时候，我们同别人交流，因为不了解对方的性格、喜好等，所以很难揣摩对方喜欢接收什么样的信息。有人喜欢谈军事，有人喜欢聊政治，有人喜欢论文学……我们不知道别人喜欢什么，但一定要明白，"投其所好"才能营造良好的聊天氛围。那么，怎样才能做到"投其所好"？首先，这需要我们平时多去积累。如果我们的"鱼缸"里有很多条"金鱼"，那么总能找出一条适合对方的"金鱼"来。是不是这个道理？所以，我们一定要多储存知识，因为那些都将是有用的谈资。

当然，仅仅储存还不够，还要学会从对方的兴趣入手，在适当时机利用它们，让知识变成有效谈资。我们要学会利用头脑里的那些谈资和知识，因为每一样知识都会有适合自己的位置，只要用对了，都会成为我们与人交流的利器。

知道怎么联系，慢慢也就有了关系

相信大家都会有这样的体会：在我们的职场生活或是创业过程中，良好的人际关系往往能起到事半功倍的效果。有时候要完成一项工作，人际关系甚至比专业技能知识更重要。

那么，究竟什么是"人际"？

可能许多人的脑海里蹦出来的答案就是"朋友圈"三个字，其实这样的认识是有局限性的。人脉从本质上来说是一种互相提拔，让彼此形成合则两利的共荣圈的关系。换句话说，我们日常生活工作所有接触到的人，都包含在我们的人脉范围之内。

那么，对于人际关系的理解仅限于"朋友圈"的我们，通常会拥有怎样的人际关系呢？不外乎下面的情形：认识的人虽不少，但真正的"知己"也是非常有限的。更多的习惯只和这几个有限的"知己"保持经常联系，而对那些所谓的"一般朋友"，则很少联系。

比如，大部分人不会给"一般朋友"寄生日贺卡，也不愿意背负起陪一般朋友吃饭、看电影或在他们生病时前去看望的义务。他们会觉得，自己的精力是有限的，哪有那么多的时间去应酬"一般朋友"。

但是这样一来，一般朋友由于很久不联系，慢慢地互相就淡忘了，彼此也陌生了，因此失去了成为"知己"的可能性。虽然很多时候这样的情形都在无声无息中发生，表面上看起来没有任何影响，但实际上，这是对自己人际关系建设的一个重大损失。

人际不仅要扩展，更需要精心管理。就像你种下种子，却不去施肥浇水，就很难开花结果；拥有了人际关系，却不去管理，最终很可能一无所获。

对于有些人来讲，他们十分注意和普通朋友的联系，很多时候，即使"一般朋友"需要帮助，他们也会挺身而出、竭尽全力。久而久之，原本的一般朋友也成为他们的"知己"，人际关系就在这种频繁的联系中变强、变精了。这样的人往往是令人羡慕的超级"脉客"，也是事业上的成功人士。

我曾读过美国达拉斯的杰出商业家罗杰·霍肖的自传，在我看来，他是一个十分擅长经营人际的人，可以说他的绝大部分成就都取决于他的人际关系建设。

霍肖的朋友分布得十分广泛，简直可以用"知交满天下"来形容。在他的计算机里，足足有1600个人的详细记录，包括对方的电话号码、住址，甚至连他最后一次遇见此人的具体情况都有记载。

洞悉人性
在复杂关系中让自己活成人间清醒

在他日常与人相处的过程中，如果有个人在不经意中说到自己的生日、结婚纪念日等重要日子，霍肖也一定会在那一天给对方寄去一张贺卡，虽然这些人中霍肖有的十几年都没有见过面了。

霍肖喜欢与所有人保持联系，他有这样的习惯，甚至已经达到让人觉得不可思议的地步。比如在他70岁生日时，他突发奇想，想要找到自己60年来未曾谋面的小学同学博比·亨辛格叙叙旧。

在常人看来，这简直无法想象，60年没有联系的人，怎么可能还找得到？

但是霍肖完成了这项看似"不可能完成"的任务，而且他用的方法简单至极，甚至都不需要出门和跑腿。

他用的方法就是：给自己的通信录里每一位名叫博比·亨辛格的人寄去一封邮件，询问他们是否曾经在辛辛那提市1号巷4501号居住过。

这个过程看起来相当具有戏剧性，也让我很受启发。

正因为霍肖如此喜欢与别人联系，所以但凡与霍肖见过面的人，都能与霍肖保持长久的关系。因此，霍肖的人际关系绝非一般的强大。

不论在哪里，都有不少类似霍肖这样的人，这些人看起来似乎是"联系狂人"，但是事实上，他们都具有建立社会关系的超强能力和天赋，十分热衷与人交往。和自己认识的每一个人联系，甚至成为他们性格中的一个主要特点。

他们最为出色的能力，就是可以把人际关系中的那种"微弱关系"，也就是那种往往联系比较薄弱、相互之间认可度不高的关系，逐渐发展成强势的人际，从而为自己的事业发展提供帮助。

之所以能够产生如此乐观的结果，就是因为这些人把那些所谓的"微弱关系"同样当成最亲密的朋友来对待。这样的人，人际怎能不好呢？要知道，人际其实就是"施"与"受"的过程，也就是必须主动去展示自己的个人魅力和实力，让自己有能力"布施"来帮助他人，未来才有机会"接受"回报。

但是，我们中间的许多人，平时就疏于与别人联系。即使是在有必要联系的时候，也会反复地琢磨："那个人该不该见？""那个人到底有没有用处？""为这样一个一年见不了几次面的人这么上心，值得不值得？"……

当你有了这样的想法，请千万要立刻打住。

对于建设人际关系来讲，没有一个人的存在是不值得的。你也许会认为有些人际关系可有可无，也许你认为刻意维护人脉关系显得有些"功利"。可是，当你用"值不值得""该不该见"来衡量一段人际关系的时候，难道不是同样的"功利"思维吗？

疏于维护自己的人际关系，其实与"功利"二字没有太大关系，而是因为你陷入了一种"社交惰性"的不良心理中。这种社交惰性会极大地妨碍我们扩展人际关系，甚至妨碍我们在工作上取得成功，还会导致你限制自己人际的发展，对于建立人际网绝对是有害而无益的。

洞悉人性
在复杂关系中让自己活成人间清醒

对我们每一个人来说，人际都是一种资源和资本。比如，你在公司工作最大的收获不仅仅是赚了多少钱，积累了多少经验，更重要的是认识了多少人，结识了多少朋友，积累了多少人际资源。

这些人际资源不仅对你在公司工作时有用，即使你以后离开了这个公司，还会继续发挥作用。所以，我们都要意识到人际关系的重要性，维护好自己的人际关系网，让人脉成为我们进步发展的重大推动力。

在不同的人物面前，善于使用不同的语言

中国有句老话："见什么菩萨卜什么卦，看什么对象说什么话。"意思是说，说话要分人，针对不同的人采用不同的说话方式。

平时很多人都有这样一种片面的理解，认为"见什么人说什么话"是为人圆滑和虚伪的表现。但我却不这么认为，相反，这恰恰是与人交流沟通的一项秘诀，是了解别人同时也能得到他人认可的一种说话艺术和技巧，是一个人社交能力、学识修养、处世态度的具体体现。

说到这里，我想跟大家分享一下前些天我去理发的经历。

我经常去的一家理发店因为店面扩张，新招了几个学员，由于我习惯每次都让老理发师给我理，于是坚持在那里等他，等的过程中我就发现了一些很有意思的事情。

我等的这个理发师技术过硬，服务态度也很好，尤其善于言辞，他很会跟顾客聊天，有时候理完发顾客有意见时，只要他一解释，几句话就会让情况发生变化。

而他带的几个徒弟，虽然看起来都很勤快，理发也很认真，但就是不会说话，面对一些顾客的问题或责难，往往不知该如何解决。

比如一位顾客理完发后，仔细照了照镜子，觉得不太满意，便提出意见："这顶上的头发留得太长了吧！"

给这顾客理发的徒弟一听脸就红了，迟疑地站在那里不知该说什么好。这时，老理发师赶忙走了过来，笑着对顾客说："先生，您这个脸型，留长点好，显得您很含蓄，这叫藏而不露，很符合您的身份与气质。短了，反倒跟你的气质不搭呢！"

顾客显然对这个解释很满意，微笑着离开了。

这时，另一位女顾客也理完了，她照了照镜子，噘着嘴问给她理发的另一个学徒："你怎么把我的头发剪得这么短呢？我说了只是修一下，怎么剪短这么多？"

我当时就乐了，这有嫌长的，还有嫌短的？

老理发师看到这边被质问的学徒半天憋不出一句话来，急忙走过来笑着说："姑娘，你这短发造型看起来干练多了，显得特别有精神，我们也是根据您的状态给您设计的发型，发型一变，整个人都不一样了呢！"

那位原本噘着嘴的姑娘听了这番话，又对着镜子端详了一番，点点头，满意而去。

后来，老理发师在给我理发时，我忍不住跟他聊起了这些，他跟我分享了他几十年来招呼顾客的心得体会。

"每个人的脾气都不一样，有的急，有的慢，有的大大咧咧，有的斤斤计较，你跟他们说话，得挑他们喜欢的说，啥样人说啥样话，你这心里得有数。

"比如我遇到过急性子的人，总是嫌理发慢，耽误时间。这样的人你得多夸赞这发型给他增加了气质和魅力，让他觉得他这时间花得有价值，他才能满意。

"也有那些嫌我们理发太快，不够精细的，这样的顾客呢，你不能直接跟他辩解说你理得没毛病，又快又好，这样跟他们是说不通的。而是应该转移视线，比如说看他气质不凡，一定身居高位，工作繁忙，这样快一点，是为了节省他的宝贵时间。"

听了老理发师的这些话，我忍不住冲他竖起大拇指。看来就没有他搞不定的顾客，这也算是一门绝活了。

当时看着几个学徒认真听他说话的样子，想必他们也从中学到了不少说话技巧，而我们更要从这位老理发师身上多多学习。所谓"见什么人说什么话"，并非阿谀奉承的贬义，而是善于沟通，让对方舒服的一种技巧。

有的人虽然有很强的语言表达能力，却凡事以自我为中心，涵养不足，目中无人，只喜欢谈自己感兴趣的话题，从来不顾及他人的感受。我们常能看到身边那些与周围格格不入的人，也偶尔能听到官腔十足、招致群众反感的干部讲话，这些都是活生生的反面教材，我们要学会从中吸取教训。

如果我们想要拥有比以往事半功倍的成效，就要向这位老理发师学习，学会从说话方式上去改变：与上司说话敬重有加；与朋友说话真诚自如；与下属说话亲切自然。

比如我们与年轻人交流时，不妨采用一些富有激情甚至煽动性的语言；对中年人，应讲明利害，供其斟酌；对老年人，应以商量的口吻，以表尊重。

还有，如果我们能够根据职业的不同，运用与对方所掌握的专业知识关联较紧的语言与之交谈，则会大大增加了他人对我们的信任感。

除此之外，也要学会有意识地捕捉说话对象的性格特点：比如，对方性格直爽，便可单刀直入；若对方性格迟缓，则要"慢工出细活"。当然，还应该针对不同的文化程度、兴趣爱好等差异，进行有选择性的"输出"。

被誉为"成人教育之父"的卡耐基曾经说过："一个人的成功，约有15%取决于知识和技能，85%则取决于与人沟通的能力。"可见，语言能力作为现代人必备的素质之一，已越来越受到人们的重视。因人而异的谈话方式，不仅能表现出自己的素质，更能让对方在与我们的谈话中感受到尊重与信任，从而因说话而改善我们行事、做人的"场效应"。

常言道：一句话可以说得使人跳，也可以说得使人笑。在与别人沟通的时候，只要我们的方法正确，几乎没有解决不了的问题。前边那位老理发师的故事就足以证明：说话也是一门值得深究的艺术。

当然，要想掌握这门艺术并非易事，我们必须加强自身的学习和修养，针对不同的人才能恰如其分地说出不同的话。此外，还要适应交际的广泛性，考虑不同文化背景下说话的不同特点，与说话对象保持一致。

从事不同职业、具有不同专长的人，所具有的信息类型和兴奋点常常是不一样的。如果从对方一窍不通或一知半解的问题引出话题，就会让人有味同嚼蜡或者无言以对的尴尬。如果能抓住对方职业或专长的特点而诱发话题，就能比较容易引发对方心灵的"共振"，进而产生共鸣。

把自己放低点，别人反而会把你抬高些

提到"自黑"这件事，我想到前些天看电视的时候，看到一档主持人大赛节目，当时出现一个小插曲，一名选手被淘汰出局，她很伤心，但是在全场观众面前，她强忍着不让自己的眼泪流出来。

这时主持人告诉她说："不要忍着，哭出来吧。憋着容易把眼睛憋小，我从小就刚强，有眼泪就憋着，所以就把眼睛憋小了。"此话一出，全场哄笑，连那位选手都被他逗笑了。

之所以有这个效果，是因为这位主持人本身就以"小眼睛"而著称，名字我就不提了，相信大家都能想到。为了安慰失利的选手，他不惜拿自己的"小眼睛"来自嘲，既为选手的哭泣找了理由，还能让观众听来兴趣盎然，忍俊不禁，可谓一举两得。

这位主持人之所以深受观众的欢迎，其中就与他善于拿自己开涮、制造幽默有关。其实，在生活中，"自黑"这件事如果运用得当，很多时候能够产生出人意料的效果。

曾经有位学员小伟就跟我分享过他的一段经历：

他是一位保险推销员，有一次去拜访一位好不容易才约见的客户，没想到那位客户非常冷淡，对热情递上名片的他视而不见，接过名片之后就很随意地扔在一旁，根本没有仔细看。

小伟一下子就觉得场面有些尴尬，只好硬着头皮把之前准备好的开场白说了一遍。

这时客户头也没有抬，眯着眼睛慢条斯理地说道："上次来拜访我的保险推销员，好像也是你们公司的，他在我面前讲了足足一个小时，讲得口干舌燥，我也一样拒绝了他。今天同意见你，只是想当面告诉你，我肯定不会买保险的，以后你不要再给我打电话了。"

小伟告诉我，当时他望见对方不屑一顾且十分傲慢的样子，心里就知道，这次肯定遇到难啃的骨头了，想签下这张单子，机会渺茫。可是好不容易争取来的拜访机会，他又不甘心就此放弃，于是索性转变策略，冒险一搏。

这时他留意到客户的身材非常魁梧，跟自己比较矮的身材形成鲜明对比，于是灵机一动，大大咧咧地说道："是吗？我那位同事说了半天都没有打动您，我想他一定是因为他的形象不如我吧！"

原本都不正眼看他的客户听到这话，吃惊地抬起头盯着小伟："你说什么？上次那位仁兄可比你的形象好多了，起码个头都比你高得多！"

"可是个子矮也是身材的一种呀,常言道浓缩的都是精华,上次那位同行肯定没有给您讲出保险的好处和精华所在,我今天只需要他一半的时间,给您讲一个'浓缩版本'的业务介绍,保证不浪费您的时间!"

客户被小伟不惜自黑的幽默逗乐了,笑着说道:"哈哈,你这个人说话还挺逗,那你给我讲一下吧,我给你半个小时。"

小伟随后真的只用了半个小时就说服客户给孩子买了一份保险。

面对客户故意为难自己的情况,小伟没有退缩,而是以一种"自黑"的幽默方式化解了尴尬,让客户刮目相看,从而也为自己推销保险做好了铺垫。

如果小伟没有想到"自黑"这一招,面对客户冷漠的态度,也许他早就心灰意冷地退了出去。然而,正是小伟的机智,让他选择以这种幽默的方式来化解尴尬,并成功地引起客户的兴趣,最终达到让客户买保险的目的。

有高人说过这样一句话:"严肃的问题,可以用轻松的方式来解决。"自黑就是一种轻松的沟通方式。作为幽默的一种方式,自黑既是一种沟通方式,也是一种境界。如果大家留意,就会发现身边其实有很多达到这种境界的"高人"。

比如我的一位讲师同事,虽只有40来岁,头上却大多秃了,仅剩下几根短短的头发在倔强地站着,据说经常有人在背后叫他"秃顶"。我的这位同事不但不气不恼,还经常在同事之间拿自己开玩笑:"热闹的马路不长草,聪明的脑袋不长毛。"

在培训课上,他也曾自嘲道:"我这人上课有个好处,如果教室光线不好,我随身携带一电灯泡。"

可想而知,这位讲师的课堂气氛相当活跃,他的课程可以说是场场爆满,所有的同事都羡慕得不得了,尤其是我。

"难道他们不担心这些自黑有损自己的形象吗?"不少人心中一定会有这样的疑问。

那么,我首先要问你个问题:如今社交网络发达,很多人喜欢在网上晒自己做的"黑暗料理",或是分享自己所做的脑子短路的事情,比如往牙刷上挤洁面乳刷牙、坐公交车居然坐反了方向等,总之是他们懒懒的、笨笨的一面。而当你看到身边朋友发的这些东西时,你会因为这些糗事而看不起这些朋友吗?

答案自然是否定的,相反,这样的人还相当受欢迎。大多数的人对这些行为不仅没有反感,反而觉得更接地气,莫名地招人喜欢呢!

对于这样的回答,我并不意外。因为我明白,在与人沟通的时候,最容易博得他人好感的,并不是那些喜欢夸夸其谈、给自己脸上"贴金"的人,反而是那些能坦然接受自己的缺点和不足,敢于拿自己开玩笑的人。

对于那些敢于坦然自黑的人,我们会觉得对方很可爱、很真诚,富有人情味儿,愿意和他们交流沟通,乃至成为朋友。

在我看来,"自黑"的人内心都比较强大,来自勇敢者对语言的驾驭，正如一句话所说，"敢于直面自己的不足，用自己的不足为别人增添笑料的人，才最勇敢"。

现实中，真正能做到"自黑"的人少之又少，你若想成为其中之一，就要注重培养豁达的胸怀、乐观的境界、超脱的心态等。

会捧哏的人，同样是舞台的主角

我们都听过相声，传统相声中通常都有"逗哏"和"捧哏"，我在一档相声节目中了解到在相声界有句老话："三分逗，七分捧"，说的是虽然在表演的时候，看上去逗哏的话多，是主角，捧哏的话少，是配角，但实际上，捧哏的作用更重要一些。

因此，人们把"逗哏"比作使桨人，把"捧哏"比作掌舵者，这是很恰当的。不荡桨，舟难行，缺少舵手，船就没有方向，作为捧哏，对逗哏所讲的内容或同意或反对，或敬佩或讥讽，或提问或补充，或辩论或引申，话虽简短，却十分重要，起着引导话题方向的作用。

我之所以提到相声中逗哏捧哏这件事，是因为发生在前不久的一件事情，让我觉得有必要强调一下沟通交谈过程中"主角"和"配角"的问题。

我的一位同事，在跟某机构商谈长期培训的一个合作，本来一直进行得都很顺利，但是一天晚上，客户忽然联系我们领导，

155

说改变主意了,这件事情不再谈了。

领导当时就很疑惑,连夜召集负责这个合作项目的人员到公司开会,没想到我的这位同事也是一头雾水,说当天还在请客户与另外的合作人一起吃饭,大家聊得很投机,气氛挺融洽的,没有发生什么不愉快的事情,不知道客户为什么忽然就变卦了。

领导觉得这件事情一定有什么缘由,于是第二天一早就亲自上门去拜访那位机构代表,询问原因和我们的疏漏之处。

经过一番恳谈,客户被领导的诚恳打动,对他说:"我本来是打算与你们公司签约的,但是在昨天我们敲定签约的饭局上,我谈起了我的女儿最近考入重点大学的事情,这是我最近非常开心和自豪的一件事情,我说我为我的女儿感到骄傲,可是你那位与我沟通了这么久的讲师,却一直在讲合作的事情,甚至都没把我的话当回事,全程只顾拉着我说东道西,还向我的朋友介绍这个合作项目。说实话,我觉得这可能代表你们并不重视我这边的关系,所以准备重新考虑长期培训的事情。"

领导回来转达了这些话之后,我的这位同事才恍然大悟,原来就是这样一个看似不起眼的细节,毁了他跟进几个月的培训项目……

发生在我同事身上的这件事情,其实有一定的代表性。日常生活中,我们在与别人沟通和交流的过程中,都希望自己能够做主角,因为这样可以操控谈话的主动权,让对方跟着我们的思路走。但这样只会使对方处于被动和受支配的地位,伤害到对方的自尊心，最终让双方的交流无法顺利地进行下去。

在我看来，沟通交谈的过程可以说是一场战争，要想取得战争的胜利，得讲究策略和方法，分清主次，密切关注沟通对象的心理变化，在交流过程中抓住对方回答中的重点，得出有利的信息，否则只能是在做无用功。

我的这位同事，就是在交谈过程中犯了"喧宾夺主"的错误，把自己当主角，一心想着主导谈话，引领话题，就如同说相声的时候，捧哏非要抢逗哏的话，这样做带来的负面效应是显而易见的。

事实上，人生在世，不必处处争第一；人际交往中，更不必时时做主角。交际不是竞争，不必把撞线当成最大的光荣。站在主角位置上的人，不一定是胜者，那是一时的风光，却赌不来长久的顺畅。所以，我们不妨适时地做一个好的配角，将对方处于领头的位置，从而使对方感受到自己被尊重，使相互间的谈话进行得更为顺畅。

我们在与别人交谈的过程中，只有充分地尊重对方，交际活动才能顺利地进行；如果你总是压制着对方，或者总想着强迫对方服从自己，对方一定会对我们产生敌对情绪，从而失去对我们的信赖。为此，在交际中，我们应努力让对方感到交际的主角就是他。

因此，在交际过程中，我们应该注意对方的反应，尽力使对方心情舒畅，做好"配角"。而且，还可以做足事前准备，比如调

洞悉人性
在复杂关系中让自己活成人间清醒

查收集有关对方的个人信息，如对方喜欢什么，憎恶什么？对方讲话有什么特点和习惯？对方的优缺点有哪些？只有基于这些信息，才能写好一份能使对方成为主角并能打动对方的"剧本"。

我接触过的那些营销高手，往往在见客户之前都会提前准备好几个"剧本"。在这些剧本中，他们都会努力做好"配角"，就像相声中的捧哏，要让对方说得舒服，这样才能让对方感到自己被尊重和被重视，从而在不知不觉中引导话题走向，实现自己的目的。

打破传统说服，诱导式的步步为赢

几年前我看过一部电影《盗梦空间》，相信许多人也都看过。这是一部让人"脑洞大开"的影片，竟然可以借助控制和重建对方的梦境，在对方头脑中植入原本不属于他的想法。虽然这只是科幻情节，但看完之后，我却想到了发生在身边的许多情形。

听完一场励志演讲之后，整个人就像吃了兴奋剂一般，热血沸腾。明明不想要的商品，在听完销售人员的推荐之后，莫名就产生了强烈的购买欲。原本不喜欢的衣服，在众人的夸奖声中，似乎越看越顺眼。这样的例子相信大家都能说出来很多，其实在日常交流中，我们身边也有许多擅长"植入想法"的高手。他们能够在无声无息中，潜移默化地将自己的思想打入对方的脑袋，从而让对方改变想法。

这其实就是一种类似于催眠的效果。因此，我们可以这样说，在某种程度上，每一个擅长聊天的优秀的说服者，都相当于一名技术高超的催眠师，这才是交流的最高境界。

我就有这么一个同学,他叫周成,是个建筑承包商,当年在校园的时候,他就有着"催眠大师"的外号,几乎没有他说服不了的人。后来,他在建筑领域做得风生水起,几乎没有拿不下来的项目。

有一次,他在某市开发区承包了一幢写字楼,在距离竣工还有两三个月的时候,意外发生了——承包写字楼外侧铜质工件装饰的供货商表示,因为原材料供给出现问题,商品不能如期交货。

这是个很严重的问题:工程已经进入尾声,如果不能如期供货,那就意味着整个工程都得停工。如果不能按照合同规定的时间交工,公司将会面临巨额罚款,甚至陷入破产危机。

当时周成手下负责采购的经理急得就像热锅上的蚂蚁,又是托关系,又是送礼,可就是搞不定这个供货商,工程陷入停顿,大家几乎都绝望了。

不过,我这位老同学却一点也没有慌乱,对于供货链相当熟悉的他,结合原材料的供应量和加工周期判断,供货商手里不可能缺货,一定有其他原因。后来的调查结果印证了他的想法:另一个客户也为了赶工期在抢这批货,订单额足足是他公司订单额的三倍之多。

客观来说,做生意就讲一个"利"字,既然有更大的客户,周成想要从那位大客户手中"抢"到这批货,可能性微乎其微。但实际情况是:我的这位"神奇"的老同学,跑去找到供货商老总,两人去工厂转了一圈,接着吃了一顿饭,然后带着那批货回来了!

整个工程项目部的同事都惊呆了。

随后，这场供货危机顺利解除，工程如期完工，周成在公司里更是被传得神乎其神，员工们私底下都说他学过心理学，是催眠专家……

我对这件事当然也非常感兴趣，于是用一个周末外加一顿饭的代价，让这位老同学给我道出其中的奥妙。

原来，在见供货商之前，周成多方打听有关这位供货商的事情，得知他是个特别热衷于慈善的人，不仅常常给贫困地区捐款，而且还在当地为失学儿童成立了一个救助基金。了解到这些事情之后，周成心里有了主意。

当时一走进供货商的办公室，他的第一句话就是："终于有幸再次见到您了，魏总！上一次我还是在××小学剪彩的时候在台下看到您，只是那时候人太多了，没能找到机会和您聊上几句。"

××小学是这位供货商魏先生之前捐款建设的一所山区小学，正式建成的那天，魏先生的确被邀请去剪彩了。

"是吗？我当时没怎么注意，事儿太多了，剪完彩之后还赶着回公司了。"魏先生一边说着，一边抬起头打量周成。

周成笑着说道："那是我的老家，当时听说有好心人捐款建了学校，就想着怎么也得去看看，是哪位好心人提前实现了我一直以来的梦想！没想到竟然会是魏总您，真是太令人敬佩了！"

听周成这么说，魏先生的嘴角浮现起一抹笑容，对周成也生出几分亲近之心，毕竟大家都是山村里出来打拼的穷孩子，心理上产生的亲近感不言而喻。就这样，两个人越谈越投机，从自己的家乡讲到自己离开家到城里打拼的艰辛创业史。

随后，周成自然而然地把话题从创业史上渐渐引到魏先生的工厂。一谈起自己的工厂，魏先生就更骄傲了，从历年的获奖情况滔滔不绝地讲到了企业文化。到最后，相谈甚欢之下，魏先生甚至还热情地邀请周成去参观他的工厂。

于是，两人还真的一块儿去了工厂，参观了工件制作的每一个流程。周成一边认真地听着魏先生的介绍，一边不住地称赞，从机器夸到工人，又对魏先生的慈善之心表示了十二万分的佩服。整个参观过程中，周成一句都没有提关于自己此次前来的目的。

参观结束之后，魏先生热情地邀请周成一块儿吃饭，两人在饭桌上越聊越投机。等吃完饭之后，不等周成表态，魏先生就主动笑着对周成说道："得了，现在饭也吃了，工厂也参观了，我们言归正传吧。我知道你这次是为了那批货来的，我也听说了，你们的工程在赶时间。

"坦白跟你说，我们的仓库里的确有一批货，但那批货是一个大客户的，我跟他有好几笔大生意。不过我真是没想到，这回跟你见面会这么投缘，不说别的，单就冲着咱俩都是苦孩子、都不容易这一点，我这次就愿意帮你这个忙！你放心，我今天话就撂在这儿了：那批货，我优先给你，这就安排仓库打出库单。"

事情就这样办成了。

整个过程中，我们可以看到，从头至尾，我的这位老同学似乎并没有做什么，甚至连要求都没有向供货商提一句。而神奇之处就在于，魏先生还真的就像被"催眠"了一样，主动"送货上门"，帮了周成这个忙。

但事实上，周成真的什么都没做吗？其实，从走进魏先生办公室的那一刻开始，周成就已经在做了。

周成很清楚，与另外的那位大客户相比，不管是动之以情还是晓之以理，他都没有任何优势。而且，从利益角度出发，他更是不占一点儿优势。

因此，他从一开始就没打算用传统的"说服"方法来劝说供货商，而是用催眠式的语言，一步一步地攻破魏先生的心理防线，取得对方的信任，让对方从情感上先偏向于他。

在这之后，周成和魏先生的交谈中，说得最多的话就是赞美，从工厂、商品到管理再到慈善，全是赞美。这些赞美并不是毫无意义的，如果你留意的话就会发现，周成对供货商的赞美，主要集中在两点：

一是供货商作为商人的成功；二是供货商作为个人的成功。

众所周知，商人最重要的品质是诚信；而个人最令人称道的品质，则是仗义。周成对魏先生的种种赞美，其实就是一步步地给供货商戴高帽子，在不知不觉中把他推上一个高台。

要知道，赞美，你已经高高兴兴地接下了，高帽子，你也甘之如饴地戴上了，那么，相应的责任是不是要尽一尽呢？到了这个时候，已经不用周成再开口说什么了，魏先生自然而然会"仗

163

义"地站出来,"诚信"地履行合同,解救周成于水火之中。这样一来,周成的目的自然就达成了。

看完分析,大家会发现,原来我这个有着"催眠大师"外号的老同学身上并没有什么深奥的心理学和催眠学这些乱七八糟的东西,有的只是高超的沟通交谈技巧。如果我们能够把这些技巧融会贯通到自己的日常工作生活中去,相信每一个人都会成为别人口中的"催眠大师"。

第七章

非常规礼节：不犯人情忌讳，才能活成人间清醒

把糊涂变成艺术，大家相处才舒服

在我的办公室里，挂着大大的一幅书法作品，写的是"难得糊涂"四个大字。当然，这四个字大家很熟悉，很多地方都能看到。不过，我的这幅字却是这世上独一无二，因为它写得既不挺拔，也不俊秀，而且歪三扭四，有些滑稽。

说出来大家不要笑，这是我大学的一个死党大刘，在我的强烈要求外加死皮赖脸以及威逼利诱下，用他蹩脚的毛笔书法给我写的。

这件事听起来有些奇葩，不过我只是想用这样的方式表达我对这位大刘同学的崇拜。正是在他的影响下，我悟到了"难得糊涂"这四个字的真谛。就如同这幅字，从书法的角度看，它有些蹩脚，但是从人生态度的角度来看，意会即可，何必计较这些细枝末节呢？

难得糊涂，能不计较就不计较，正是这样的人生智慧，让大刘同学活得潇洒又滋润，当然这不是物质意义上的，更多的是精神层面。

从大学开始，大刘就整天一副乐乐呵呵的模样，一开始大家以为他"缺根筋"，后来发现，他是个从不计较的人，啥事都不往心里放，跟谁都能相处愉快。

毕业工作之后，这小子跟大学的恋人结婚，因为刚好跟我在同一个城市工作，我没事就经常去他家蹭饭。我记得很清楚，有一个周末，我又跑去他家玩，跟大刘猫在客厅下起象棋，他的妻子则在厨房忙活，准备做顿大餐，中午一起小酌一番。

'我俩下棋正到紧要关头，大刘妻子突然在厨房喊："老公，你进来一下。"声音很大，语气却温柔。大刘扔下象棋，屁颠屁颠就跑去了厨房。出来时，他拿着一块生的胡萝卜，边啃边问我："该轮到谁走棋？"

我看他啃得津津有味，忍不住问："你很喜欢吃生胡萝卜？"

大刘一边啃胡萝卜，一边偷偷瞄了厨房一眼，小声对我说："不太喜欢。"

"那你老婆喊你去吃这个？还切了这么一大块？我记得前些时候有一次也是这样，我还纳闷，不记得你有这爱好啊。"

"她以为我喜欢。"大刘神神秘秘地小声说道，"刚结婚那阵子，我们住在出租房，为了攒钱买房，平时水果都不舍得买，我又馋，后来我老婆就买便宜的胡萝卜回来当水果吃。她说胡萝卜是维生素之王，能抵上好多种水果。虽然我不太喜欢吃这个，但是为了哄老婆开心，就说我从小最爱生吃胡萝卜，我俩经常晚上窝在沙发上,一边咔嚓咔嚓啃胡萝卜,一边看电影,买零食的钱都省了,哈哈。"

"那你到现在都没有告诉她你不爱吃吗?"

"为什么要告诉她呢?假如她知道,我一直不爱吃她买的生胡萝卜,你想,她会不会很失望?这些小事情,何必较真呢?做人嘛,难得糊涂,省得累。"

那盘棋,大刘赢了。他冲着厨房扯开嗓子喊:"老婆,我赢了,吃了你给我切的维生素之王,我果然精力充沛,思维敏捷,老婆你太厉害了……"听到这话,大刘的老婆端着盘子从厨房出来,笑成一朵花。

我坐在一旁看着他们两个人脸上洋溢的幸福,觉得大刘真是一个很有智慧的人,虽然一直是死党,我竟然都没有看到他身上的闪光之处,真该学学他的这种豁达的人生态度了。

后来,我就把大刘当作自己人生的偶像,然后死缠烂打地要来了这幅"难得糊涂",挂在办公室,时刻提醒自己,小事糊涂一点,不仅自己宽心,还能给别人带来舒心,何乐而不为呢?

在我看来,糊涂是对自己和他人的一种宽容。学会宽容,就读懂了人生。相信每一个人都想让自己的人生多一些美好少一些遗憾,那就学会用糊涂这面筛子来过滤自己的记忆,不断地筛选,筛掉的是糟粕,留下的是精华。

生活中,难免会有太多的痛苦、尴尬、恩怨,糊涂可以帮我们忘记过去那些不该记住的东西,保留那些有益的美好的回忆。

正是因为我们学会了糊涂，学会了不计较，才能坦然面对那些生活中的不如意。

曾经有位学员向我倾诉过他的苦恼，作为一名创业人士，他的事业虽然有所成就，但是在企业发展过程中却遇到了留不住人的困境。在他看来，自己一向把员工当作家人一般看待，在待遇上从来不是一个吝啬的老板，而且还常常不遗余力地帮助员工学习和成长，但这一切都没能给他带来上下一条心的感觉，他为此非常困扰。

我问他：你平时是否对于公司的事务无论大小事必躬亲？你是否对于下属员工的工作要求非常严格，但凡有错必定指出纠正？

他说是。

于是，我建议他给自己休个假，把一些事务放心地交给下属去打理，最关键的是忍住嘴，不要因为一些小事情和细节去责备和唠叨下属，有些东西该忽略就忽略。古人都说过：人至察则无徒。如果身为领导却常常在细节上纠结下属，这肯定不会被理解为关怀和扶持，而是斤斤计较。

我也给这位学员讲了我这幅"难得糊涂"的来历，并且建议他学会糊涂。经营企业与经营人生大同小异，如果不肯放下一些小事情小细节，必然会活得很累。之后的几个月，他的状态明显好了很多，并且跟我一样，也把"难得糊涂"这四个字当作了自己的座右铭。

洞悉人性
在复杂关系中让自己活成人间清醒

　　许多豁达乐观的人都曾说过:"难得糊涂"是对生活的一种态度,更是对生活的一种选择。生活中正是如此,我们能够忘记朋友有意或无心的伤害,才能建立至真至纯的友情;能够看透恋人分手时的绝情,才能怀念有过的那些美丽爱情;即便生活有那么一点不公,也不应该终日为愤懑所困;许多事情,该忘记就应该及时忘记,该糊涂的时候就要糊涂一些。懂得了这个人生秘诀,我们才能看清幸福的模样。

看破不说破，朋友还能做

"看透不说透，还是好朋友。"前些时候，我把自己的微信签名换成这句话。之所以提到这个，是因为我想向大家分享一下我近段时间的一点感受。

我有一个关系不错的朋友，平日里相处挺好的，他这人哪儿都好，就是有个毛病，喜欢占小便宜。当然，关系在这儿放着，很多时候大家也不会太计较，不过上个月，他网购时突然收到短信，告知商品降价，要退还给他差价。

当时他还跟我提起这事，我赶紧告诉他，这很可能是骗子的套路，千万不要轻信。然而，结果可能大家都想到了，他傻乎乎地按照对方要求提供验证码什么的，最终被骗了好几百块。

对此，我实在是忍无可忍，就历数了他因为贪小便宜而吃过的亏，希望他能明白"天上不会掉馅饼"这个道理。没想到，这哥们儿竟然生气了，说我揭他的短，就如同打他的脸，让他丢了面子。

洞悉人性
在复杂关系中让自己活成人间清醒

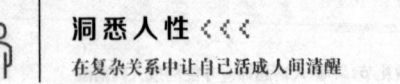

我就不服了,之后,我和他两个星期都没怎么联系,直到上星期才刚刚有所缓和,跟几个好友又小聚了一下。当然,我也吸取了教训,不再提那件事了。没想到,聚会结束回家的时候,他又被街边扫码领礼品的活动给吸引过去了,最后成功领到一包餐巾纸。

我当时强力忍住再次提醒他的冲动,嘻嘻哈哈地说领包纸也不错,刚好能用到。这个朋友听了就很开心,然后最近的这些天,我看着他每天被垃圾电话、短信骚扰时不厌其烦的样子,也只能在心里暗自发笑了。

我已经想通了,虽然没有尽到提醒朋友的义务,但是我们的关系维持好了呀,凡事有得必有失,我姑且认为这也是个正确的选择吧。所以,我特意换了微信的签名,就是想多提醒自己,很多事情,看透即可,何必说透呢?

写到这里,我不由得想起一位著名的作家冯骥才,他的文章写得好大家都知道,不过大家不知道的是,他也是一位沟通交流的高手。有一次冯骥才在美国访问时,租住在一所宾馆里。一天,一个美国朋友带儿子前来做客。两人许久未见,相谈甚欢。就在他们交谈的时候,那个精力旺盛的小孩,也就是大家口中的"熊孩子",竟然不脱鞋子爬到冯骥才的床上,蹦蹦跳跳的,还连翻带滚,把床上弄得一团乱,然而他的家长并没有意识到这一点。

冯骥才有些看不下去了,想要阻止,但是他考虑到,如果直截了当地请他下来,势必会使朋友感到难堪,说不定一怒之下还会重重责罚小孩，如此势必影响彼此的感情。

怎么办呢？冯骥才想了一会儿，委婉地对朋友说了一句话："好朋友，请您的孩子到地球上来吧。"那位美国朋友这才注意到如此淘气的孩子，不过他也没有对孩子进行严厉的指责，而是同样不失幽默地回答道："好，我和孩子商量商量！"

很快，在父亲的劝说下，孩子跳下了床，安静地坐在椅子上。

对于朋友小孩的调皮行为，冯骥才难以启齿批评，于是他用"回到地球上来"替代"下到地上来"，这样一来，话语委婉风趣，不"伤人"，立刻博得朋友的认同，顺利地解决了棘手的难题。

这种"看透不说透"的沟通技巧，其实我们每一个人都应该学会，这有助于我们维持更好的人际关系。

不过遗憾的是，生活中我们不乏遇到这样一些人：他们只管自己说得痛快，该说的不该说的总是口无遮拦地一并倾出，也不管听的人是否乐意；当与别人发生争执时，他们会十分较真，直到让对方闭口不言才罢休，从不顾及他人的尊严与感受……

这样的人看似口才好，但在我看来，如此说话只会给人没有教养、为人轻浮之感，惹来他人反感不说，还容易遭到记恨，实在得不偿失。

我大学时学习过一段时间的国画，起初以为自己掌握那些勾线技巧是最要紧的，然而老师却说各种顿挫、转折、提按并不难学；学国画，难就难在掌握"留白"，而留白才是国画的精髓所在，往往只可意会不可言传。

173

洞悉人性
在复杂关系中让自己活成人间清醒

现在回忆起来，我联想到了"看透不说透"的沟通技巧，这和留白颇为相似，是人际沟通中的一种境界，需要我们仔细体会和品味。

一个真正高情商的人，说话时会仔细斟酌，理解别人的感受，该说的说，不该说的不说，做到话留三分。因为他们明白："人情留一线，日后好相见；看透不说透，还是好朋友。"

所以，在与人交流的时候，什么话该说，什么话不能说，什么话绝对不能说，都要在心里有个标准。我从不认为这是虚伪，相反，说话有分寸，做事有把握，这是一个人有修养、有智慧的体现。这样的人，无论走到哪里，都会受到欢迎，既愉悦了别人，也坦然了自己。

就算不同意，也要照顾对方的情绪

生活中，你是否有过这样的遭遇：

你在北京或者上海等大城市工作，隔三岔五就要来一拨亲戚朋友游玩，需要你陪吃陪喝不说，还得各种陪玩陪买；

你开心地跟朋友宣布下个月要去法国出差，朋友立马列了一个长长的代购清单给你，希望你"顺便"帮他买一下；

"求帮忙砍价，砍价成功就能 0 元获得某某福利！"微信群或朋友圈里，你是否也经常收到这样的请求；

……

这些事情都有一个共同的特点，对方提出的要求恰恰是你可以满足，但又多少有些不便。这时候，有些人心肠好、脸皮薄、耳根子软，架不住别人的几句恳求，宁愿自己麻烦，也希望给别人提供便利。

如果你也是这样不知道该如何拒绝别人的人，我要提醒你，这样的代价往往是牺牲自我。好心只会让别人不为你考虑，随时

洞悉人性
在复杂关系中让自己活成人间清醒

随地找你帮忙做事,你做好了还好,你有事刚好不能做,对方很可能就怀恨在心……

许多人不敢拒绝别人,因为一旦拒绝,必然增加对方心中的不快和失望,可能还要承受几分不善良、不友好、不念旧情的道德谴责。

"不,这件事我真的办不到。""不行,我实在没钱借给你。"……在遭受这些拒绝时,你的感觉怎样?你会很高兴、很客气地说"没关系"吗?恐怕不会。拒绝给人的感觉往往是无情的、严厉的,相信很多人会觉得没有面子,觉得不被重视、难堪、怨恨和不满,甚至干脆转身而去,再不相见。

那么,就没有一种两全其美的拒绝方法吗?

我想到了《红楼梦》中的一段,说的是黛玉在邢夫人处,邢夫人"苦留吃过晚饭去",黛玉婉转拒绝了。她是这样说的:"舅母爱惜赐饭,原不应辞,只是还要过去拜见二舅舅,恐领了赐去不恭,改日再领,未为不可。望舅母容谅。"邢夫人听黛玉这样说,笑道:"这倒是了。"遂令两三个嬷嬷用方才的车好生送了姑娘过去,于是黛玉告辞。

黛玉的这番十分得体的话,既表达了对邢夫人的感激和尊敬,又表现了自己懂礼节、识大体,可以看出她不仅做事处处留心在意,而且情商也非常高,既拒绝了对方的要求,避免了自己的难堪,又维护了人情,真可谓两全其美。

其实,只要掌握一定的沟通技巧,我们每个人都可以做到像黛玉那样，在拒绝的时候还能不伤感情，不说让对方觉得心里舒坦，至少能够避免难堪，将对方不快的情绪控制在最小范围内，从而维护好人情关系。

我认识的一个女孩子，工作能力很强，人又漂亮，许多男同事都想要追求他，其中既有彬彬有礼的，也不乏素质低下的。有一次，她的一位上司竟然借着业绩奖励的机会，送了一套名贵的真丝内衣给她。

因为这件礼物本身的暧昧性质，马上引起公司同事们的八卦情绪，大家纷纷做起了吃瓜群众，交头接耳，窃窃私语，都想看看这件事情如何收场，是演变为霸道总裁爱上女下属的浪漫套路，还是滑向撕破脸的狗血剧情？

结果，这个女孩子看到桌子上的这件礼物之后，并没有大惊失色，而是轻描淡写地说道："不好意思，这个牌子的内衣男朋友给我买了好几款，我实在是用不到，还是不要了，不如换给其他同事吧，功劳也不是我一个人的。"

几句话四两拨千斤，一下子打消了众人的八卦情绪，不但拒绝了这位上司，同时也给了上司一个台阶下，没有让他在同事面前难堪，可以说是相当完美的一次拒绝了。

其实，在某些情况下，说"人情话"并不是虚伪，而是一种高情商、高教养、高修养的体现。可以说，直接而不留余地的拒绝，就像刺向对方胸口的一把短刀，虽不致命却伤人。如果我们把拒绝说得富有人情味，让拒绝的话听着更舒服，对方不仅会心甘情

177

愿地接受你的拒绝，还不会产生任何的反感。

比如，有同事好心地邀请你一起吃零食，而恰恰你此时此刻不想吃。如果你直接说不吃，就算后面加一个谢谢，也会让人觉得你"不知好歹"。接下来，对方恐怕就不愿意和你交流了，甚至觉得你是一个不好相处的人。

可如果你换一种说话方式，拒绝之前先说一些"人情话"，效果就不一样了！

比如，你可以说："这个东西挺不错，一开始我就闻到香味了。但是我最近牙不好，没有这个口福，你赶紧吃吧。"或者说："亲爱的，还是你最好，有好吃的都能想到我。不过，我今天肚子有些不舒服，你只能一个人享用美味了！"

听了这两句话，你是不是有不一样的感觉？如果你是那个同事，是不是也不会因为这样的拒绝而心生不快？可见，拒绝的话并不难说，关键在于你怎么说。学会拒绝，是一种谈话的技巧，也是一门生活的艺术。学会拒绝别人，不是让你变得冷漠，拒人于千里之外，而是让你学会在拒绝与迎合之间把握一个度，从而更好地经营自己的事业和人生。

社交不尴尬，全靠场面话

我是一个对娱乐圈知之甚少的人，但是多年以前就记住了一位台湾地区主持人，他的名字叫吴宗宪。之所以如此，是因为他的情商和语言能力让我无比佩服。

记得在他主持的一档选秀节目中，有四位参赛的美女选手秀了一段舞蹈，可能是因为紧张，有两位选手在舞蹈的过程中出现了一些小失误。结束之后，几个姑娘觉得自己这次演砸了，都相当的局促不安，有一位甚至抹起了眼泪，现场的气氛也变得尴尬起来。

这时，主持人吴宗宪站出来说了这样一番话："虽然你们当中有人出错了，但一切都没关系。而且我觉得，刚才你们失误的那个动作，反而表现出了你们可爱率真的一面。表演大师卓别林说过：'全世界最精彩的演出，就是出错的那一次。'这句话用在这里再合适不过了。"几位姑娘被吴宗宪的这番话逗得破涕为笑，现场的尴尬气氛顿时一扫而空。

洞悉人性
在复杂关系中让自己活成人间清醒

在表演过程中出现严重失误，姑娘们心里肯定很不安，而吴宗宪巧妙地借卓别林的一句名言安慰开导她们，说她们出错的样子是全世界最可爱的。如此贴心体谅的话语，如此机智幽默的圆场，可谓是高情商交谈的经典案例，我也因此而记住了这个台湾地区的主持人。

生活中，我十分佩服那些头脑灵活、擅长打圆场的人们，他们通常可以灵活地应用各种语言技巧，如幽默、自嘲、善意的曲解等，一句话就可以缓和尴尬的气氛。有时候，他们也可以用一句合情合理的解释或是找一个借口来给自己或者对方一个台阶下，避免让大家陷入尴尬的境地。

从另一个角度来说，打圆场也是一门沟通艺术，善于打圆场的人都是精通语言艺术的人，他们往往在人际关系方面也有着过人的能力。

我记得 2014 年小米科技 CEO 雷军参加了首届世界互联网大会，当时他在台上讲了一番豪言壮语："5 年到 10 年后，小米有机会成为世界第一的智能手机公司。"

这句话赢得了在场许多人的掌声。不过，出于竞争对手的原因，台下的一些友商品牌代表就不开心了，竟然有人起哄回了雷军一句："说起来总是容易的，但是做就没那么简单了。"而且，声音很大，不仅台上的雷军，现场好多人都听到了。

大家顿时交头接耳起来，都觉得台上的雷军这下子一定挺尴尬的。这时，机智的雷军接着说道："马云讲过一句话：梦想还是要有的，万一实现了呢？"这句话用在这个时候略带自嘲意味，但他为自己遭遇呛声的尴尬处境打了一个圆场，赢得了台下一片掌声。

很多时候，交流的过程中之所以会出现尴尬，就是因为有些人说了不合时宜的话，或是做了不合时宜的事情，于是导致交谈的双方甚至所有人都感到难堪和尴尬。

面对这种情况，那些情商比较高、沟通经验比较丰富的人，通常就会巧妙地打一个圆场，证明对方有悖常理的举动在此情此景中是正当的、无可厚非的和合理的。这样一来，对方的尴尬解除了，正常的交流和沟通也能继续下去了。

在我前面提到的例子中，会场里不仅有雷军，还有其他几家实力不凡的公司代表。雷军在他们面前有些过于自信地说出的那句话，不仅显得他雄心勃勃，而且相当具有挑战意味，自然会招致某些友商的不满和异议。而这时，他以马云的一句关于梦想的名言为自己打圆场，给自己的话语加上幽默和自嘲的韵味，削弱了其中的挑战意味，自然也就更容易让人接受。

雷军的讲话之所以让我印象深刻，是因为我觉得金无足赤，人无完人，每个人都有遇到尴尬、说错话的时候，尤其是在人多的场合，面子上自然过不去。这时如果有人能及时"打圆场"，凭三言两语力挽狂澜、扭转局势，让局面不至于尴尬甚至失控，保全大家的面子和尊严，自然会赢得所有人的好感，在人际关系拓展中取得良好效果。

尤其是在日常的聊天争论中,需要灵活应变地打圆场的事往往很多。有时要为自己的过失打圆场;有时要为上司的过失打圆场;有时要为他人的争吵打圆场。

那些善于打圆场的人,总能用一种善意的、理解的心情,找出尴尬者陷入僵局的原因,想出好的圆场办法,使气氛由紧张变为轻松,由尴尬变为自然,最终达到"你好我好大家好"、和和气气收场的目的。

而且,打圆场的机会也是你展现口才的机会。很多时候,如果能够一句话缓和尴尬的气氛,维护交际活动的正常进行,一定能让别人对你刮目相看,使你迅速成为交际中的明星。

小心点，别又戳到别人隐藏的痛点

我有一位做汽车销售的朋友小何，起初我只是在他手里提了一台大众车，然后觉得这个小伙子非常聪明，做事热情周到，是个可靠的人，后来就推荐几位朋友去找他买车，然后就成了朋友。

因为我和身边的许多朋友都开大众车，所以与这个小伙子打交道越来越多，私底下了解也越来越深。我曾跟他透露过想要换一台大一点的 SUV 来开，小何说："放心，到时候我一定帮你参谋。"

2017 年夏天的时候，我妹夫想要买一台大众 SUV，但是他这个人不怎么懂车，于是我就打电话把基本要求告诉了小何，小何也没多问，当即推荐了一款车型，说以他多年来对大众车的了解，绝对可以满足我说的那几点要求。

后来提车的时候，妹夫有事情不能去，也是我带着妹妹去提的，小何自然是把这事儿办得相当圆满，我和妹妹都非常满意。

又过了两个月，我又带另一位朋友去小何店里看车。让我十分意外的是，他所在的 4S 店里竟然摆着一台崭新的奔驰 SUV。我仔细一看，竟然跟我一个月前刚刚提的那台车一模一样，连配置都相同！

我十分诧异，问小何："怎么你们这里也卖奔驰吗？"

小何说："是呀，签约半年了，只是总部一直计划盘下对面的店来单独展示奔驰，所以一直没有放样车，不过是一直在卖的。"

"唉！你早说啊，我不是跟你说过打算换台大点的 SUV 嘛！我想换的就是这台！"

"啊？我还以为上次你提的那台大众就是你要换的……那现在……"小何十分意外和不好意思，有些局促起来。

"晚了，我在另一家奔驰 4S 店已经提车一个月了。当时因为没有熟人，提车提得还不怎么愉快。"我十分惋惜，毕竟跟小何合作久了，还是希望在熟人这里买。

"唉，我就一门心思地认为上次你来提车是你要换车，连推荐型号都是根据你的爱好推荐的，唉，都怪我自作聪明了。"

我之所以提到这件事，主要是想说，平日里我们在与他人沟通交流的时候，一定要注意不能犯自作聪明的错，否则就会给自己带来这样或者那样的损失或遗憾。

人心最复杂，哪怕你与一个人朝夕相对数十年，也不意味着你就能完全看透这个人。因为人一直是在发展变化的，每天的所见所闻都会对我们的思想及行为造成影响。因此，不要试图去给一个人下定论——很多时候，当你以为你"了解"了一切的时候，或许正在远离真相。

每个人都希望别人眼里的自己是聪明的、有能力的、优秀的，因此常常会为了塑造这样的形象而特意做出一些事情来"表现"自己。但其实，很多人都不明白，究竟什么才是真正的聪明，以致聪明反被聪明误，做出不少适得其反的事情。

其实，在与人交流的过程中，适当地表现出一点儿"愚钝"，往往比一味地追求"聪明"更能给人留下好的印象。要知道，人天生就拥有表达欲，渴望得到表现的机会，获得他人的认同和赞美。你有这样的需求，别人同样有。

因此，懂得留一些聪明的机会给别人，反而会为你赢得更多的好感度，同时也规避了"自作聪明"的风险。

我所在的这座大厦，从16楼到18楼是同一家企业，是行业内顶尖的那种大企业。我经常在电梯里遇到他们公司的领导和职员，其中有一个小伙子让我印象非常深刻。

我经常在电梯里碰到这个小伙子，虽然不认识，但是我留意到他大概是三个月之前入职的，看起来像是大学刚毕业，是收发员之类的职务，因为总是见他跑上跑下送文件。不过，前几天我看到他的时候，他已经换了制服，有了胸牌，写着经理助理之类的职务，不再送文件了。

按理说新入职的毕业生，没理由升职这么快，但是我却一点都不意外，为什么呢？因为这个年轻人非常聪明，他进公司不到一个星期，就能在电梯里喊出每一个同事的姓名和职务。

不过，我对他升职并不感到意外，这是因为另一个细节。正是这个细节，让我觉得这个年轻人大智若愚，前途不可限量。

那是一天上午，我下楼有事情，回来时刚好在电梯里碰到他，当时他还是收发员，拿着东西，可能是刚刚外出了一趟。电梯就要关门的时候，又进来了一个人，我一看，这是楼上那家大企业的高层领导，我就暗中盯着那个小伙子，想看看他在领导面前怎么表现。

这个小伙子果然第一时间认出了领导，马上就开口问好，然后肯定是要替领导按电梯楼层的。这个时候，他又问了一个让我意外的问题，他问道："赵总您好，请问您是要到18楼吗？"

这位赵总当时有点不高兴，便反问道："你天天跑我办公室，难道你还不清楚我的办公室在几楼吗？"

年轻人回答说："我知道您的办公室在18楼，但我并不知道您是打算回办公室，还是要去别的部门办公，所以不能自作主张。"

我当时几乎要为这位年轻人鼓掌了，聪明勤快，却知道藏而不露，懂得谦卑。

要知道，聪明人虽然讨人喜欢，但自作聪明的人就极其令人讨厌。但凡领导，都不会喜欢自己的手下猜度自己的心思，更别说替自己做决定了。

这个年轻人的聪明之处就在于，他懂得严防死守自己与领导之间的那条"界限"，哪怕只是像坐电梯这样一件看似无足轻重的小事，他也充分表现出了对领导的尊重和敬畏。这样做，乍一看，可能让人觉得他过于愚钝死板、不懂变通，但实际上，这正是他有智慧的地方。

大智若愚。一个真正有智慧的人，懂得收敛锋芒，审时度势。因此，在与人打交道的时候，想要赢得对方的好感，与其总想着表现自己，担负"自作聪明"的风险，倒不如加点儿"愚钝"，把精彩留给对方。要知道，有时候，懂得装笨才是真正的聪明。

我那位卖车的朋友，因为自作聪明而错过一单生意，而这个年轻小伙子，因为懂得"装笨"，很快得到了提拔。聪明的你们，一定也能从中悟出点什么道理吧。

最愚蠢的糊涂，就是哪壶不开提哪壶

中国古老传说中有这样一个典故：据说在龙的咽喉部位下方生长着几片逆鳞，这几片逆鳞是无论如何也不能碰的，如果不小心碰到了逆鳞，必然会激怒龙，甚至面临被龙吞噬的危险。

对龙来说，触摸到了逆鳞就是伤害到了它，我们必然要面对龙的怒火。同样的道理，人也是有"逆鳞"的，很多时候一旦我们在提问时触及了对方不愿意被触及的地方，后果是很严重的。就像一句老话说的那样："不要哪壶不开提哪壶"，我们在与人交谈时，也要学会避开那些"不开的壶"。

因为职业，我特别喜欢留意各种各样的人的对话。我曾在一个楼盘做过销售培训，培训的间隙，我会在售楼部大厅闲逛，留意销售人员与客户的对话，然后找出问题，把这些问题结合到我的讲课过程中。

有一次，售楼处来了一对年轻人，一看就是情侣或者刚结婚的样子，销售员小黄十分热情地接待了他们，给他们看了好几套样板间。坐在旁边的我从他们的交谈中了解到，这两位年轻人都不是本地人，现在在这边工作，按照我的想法，销售员小黄接下来应该了解一下两位年轻人的购买力和户型意向，以便推荐房源。

结果，这个小黄倒是不客气，热情满满，张口就问男方："你们这买房一定是作为婚房住的吧？什么时候结婚啊？打算什么时候要小孩？会不会把自己的父母接来这边一起住呢？"

这一连串的问话吓了我一跳，显然也让男方有些尴尬，他偷偷瞄了一眼身边的女朋友，并没有回答。女方停了好大一会儿才说："还没有考虑那么远，有自己的小窝再说吧。"

小黄还不死心，又接着问道："这怎能不考虑呢？家里父母年纪大了，没人照顾，将来肯定是要把老人接过来的呀，咱们买房的时候肯定要考虑到这个因素的，房子太小不合适，我建议你们买一套 100 平方米左右的小三居，有备无患嘛！"

我在一旁听得坐立不安，都快要惊呆了。而那个小伙子的脸色，这时候已经不太好看了，女方扭头看了小黄一眼，淡淡地说了句："这样算起来，加上孩子，也只够两家人住，我们两边都有父母，怎么办呢？"

小黄这时似乎才意识到问题，有点不知道怎么回答了。

我心想，你自己挑起的这个话题本来就是个坑，越聊越尴尬，现在连我都不知道该怎么去救你了……

就在小黄无所适从拼命想话题去化解时，这对年轻人头也不回地离开了。

洞悉人性
在复杂关系中让自己活成人间清醒

其实，像小黄这样热情满满却聪明不足的人有很多，他们并不是真的不够聪明，而是不会"聪明"地去交谈，谈话时对于话题没有规划，缺乏思考，想到什么说什么，这样很容易犯下"哪壶不开提哪壶"的错误，最终导致话题失控，交谈陷入尴尬。

日常生活中，在与对方交谈的时候，最好先想想清楚，那些涉及对方敏感之处或者隐私的话题，就是不该提的问题和对方身上不该碰的"逆鳞"。你最好能够规避这些话题，这样既不容易引起尴尬，对方也会很乐意接受你。

比如，一些常识性的话题"雷区"：在跟女性交谈时，年龄、体重、胖瘦、谈论其他女孩的漂亮程度等，都要尽量避免提及；而到了国外，要格外尊重个人隐私，很多个人色彩比较浓厚的话题都要尽量避免去谈；等等。

除了常识性的话题"雷区"，还有一些比较私人化的话题也要根据具体情况去对待，毕竟人非圣贤，孰能无过，每个人都有不愿他人触及的缺点、隐私或者一些尴尬事。如果你在聊天的过程中不合时宜地提起一些对方不愿意触及的事情，结果必然会很尴尬。

英国有位作家曾说："身体上的伤口，很快便能痊愈，但是失言所带来的伤害后果，却足以让人记恨一辈子。"每个人都有自尊心和虚荣感，没人能够忘记别人对自己的伤害，即使那人不是有意的。

说到这里，我想起一位在小学当老师的亲戚。她是一位非常认真负责的小学班主任，也非常上进，工作之后，每次见到她，她提到最多的话题就是与家长沟通的艰辛。

大家知道，小学的孩子小，自控能力差，经常会出现这样那样的问题。作为班主任，我这位亲戚又特别负责，不愿意放弃任何一个孩子，因此她经常要跟那些有问题的孩子家长去沟通。

这时候问题就来了，如今工作生活节奏快，很多家长本身也挺忙的，再听到老师打电话说孩子的学习有问题，顿时就气不打一处来。就算这气不是对着老师的，有时候也难免带入情绪，因此我这位亲戚就时常被家长呛声，这样一来，两头受气，那滋味儿别提多难受了。

听了她的问题，我给了她一个建议，就是小学的孩子就像一张白纸，虽然顽皮的孩子很讨人厌，但是他们毕竟可塑性强，也就是说，每个孩子身上都能找出一些优点。每次给家长打电话的时候，一定要先提优点后提缺点，甚至有时候可以专门打电话表扬一下，不提缺点的事。

亲戚说，报喜不报忧总不太好吧？

我说，不是不报忧，而是换个方式报忧，不要让家长觉得你的电话一来就是坏事，时间久了，他们甚至都怕接你的电话，因为一接电话就听到坏消息，确实感觉不好，而且还会让家长觉得你有点"哪壶不开提哪壶"的意思。现在，我们换一个思路，做到"哪壶开了先提哪壶"，把好消息放在前面，让他们觉得接你的电话也会有好消息，这样就好多了。

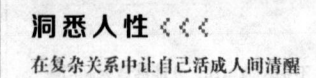

这位亲戚听从我的建议之后，果然有效果，家长工作推进得比以前顺利多了。

从"哪壶不开提哪壶"到"哪壶开了先提哪壶"，不仅是我对这位教师亲戚的建议，也是我对所有人的建议。其实，这不是"鸡贼"，而是一种沟通交流的技巧。

通常来说，与人交谈能够获得的最直观的好处，当然是给别人留下一个好印象，拉近彼此的距离，只有实现这一点，这场谈话才不至于无功而返。相反，如果说一场谈话过后，对方反而对你敬而远之，心生嫌恶，那这场谈话显然就是极其失败的"作品"了。

因此，我们在跟别人交谈的时候，不妨先学会换位思考，把自己当作对方来感受一下，将心比心，如果觉着某个话题过于尖锐，最好考虑换个问题，以避开"哪壶不开提哪壶"带来不必要的冲突；而如果觉得那个话题能够让谈话更加和谐，不妨就先从这个话题谈起，这才是聪明的交谈方法。

第八章

洞悉人性规则，影响你想影响的人

获取关系的前提，是让人感受到你的真诚

前些时候，我读到一则小故事，感触很深。

北宋那位写出"无可奈何花落去，似曾相识燕归来"的著名词人晏殊，就是一个非常真诚的人。据说他少年时参加殿试，宋真宗出了题目让他做。晏殊看过试题后说："我几天以前做过这个题目，草稿还在，请陛下另外出个题目吧。"真宗见晏殊这样真诚，感到他可信，便赐他"同进士出身"。

后来晏殊当了官，有了公职，每逢假日，京城的大小官员常到外面吃喝玩乐。晏殊却从来不参与，每天都在家里和兄弟们读书写文章。有一天，真宗突然点名要晏殊担任辅佐太子的东宫官，许多大臣不解，议论纷纷。

真宗解释说："近来群臣经常游玩饮宴，只有晏殊和他的兄弟们闭门读书，如此自重谨慎，正是东宫官合适的人选。"

晏殊向真宗谢恩后说："我也是个喜欢游玩饮宴的人，只是家里穷而已，如果我有钱，可能也早就参与宴游了。"真宗听了，越

发赞叹他的真诚,对他更加信任。

这个小故事给我的感触就是:在说话的过程中,我们靠什么去拨动他人心弦,甚至征服他人?

少不更事的时候,我认为是思维敏捷、逻辑周密的雄辩,最使人折服;后来接触演讲之后,我认为声情并茂、慷慨激昂的陈词,最动人心扉。当我逐渐了解到说话的奥秘,才发现这些都是形式。如今的我认为,在任何时间、任何地点去说服任何人,始终起作用的因素只有一个,那就是真诚。

日本松下电器公司在成立早期还是一家小工厂,作为公司领导,松下幸之助总是亲自到客户那里推销产品。

与其他推销人员口若悬河的推销方式不同,松下幸之助每次在碰到对方讨价还价时,他总是诚恳地说:"非常抱歉,我的工厂是家小厂。炎炎夏日,工人们在炽热的车间里加工制作产品。大家汗流浃背,却依旧努力工作,好不容易才制造出这些产品,依照正常的利润计算方法,如果再降低价格,就无法保证大家应得的收入,我会愧对我的员工。"

听了这样的话,对方总是开怀大笑,说:"很多厂家在讨价还价的时候,总是说出种种不同的理由。但是你说的很不一样,句句都在情理之中,我竟然无法反驳。好吧,我就按你开出的价格买下来好了。"

他的话充满情感,描绘了工人劳作的艰辛、创业的艰难、生活的不易,语言朴素、形象、生动,语气真挚、自然,唤起了对方的切肤之感和深切同情。

其实，这只是松下幸之助经营企业过程的一个小得不能再小的细节。松下幸之助的成功，可以说在很大程度上取决于他真诚经营的态度。在企业发展过程中，正是他的真诚，换来了许多企业真诚的合作。

常言道：态度决定一切。在我们交谈的过程中，最重要的就是要了解对方真正的想法、真实的意图。而要实现这一目标，态度尤为重要。

我们都会有这样的体会：那些说话真诚恳切，能够做到平等待人、虚怀若谷的人，他们口中所说的话都会给人如沐春风的感觉，一字一句都犹如滋润万物的甘露，点点滴滴入听者的心田。

只有你态度真诚，话语诚恳、热情、友善，别人才会视你为知己，也才会把真实的想法告诉你。否则，别人就会防范你，对你敬而远之或厌而避之，他们也许会用借口或虚假的理由搪塞你，或为了达到某些目的而声东击西，或别有隐情，不愿言明。

很多时候，因为对方的不配合和不买账，你会发现一个原本非常简单的问题处理起来可能很棘手，若是解决不好，就会给彼此的交流带来影响。唯有态度真诚、友善，虚心倾听，即使棘手问题，也能迎刃而解。

记得当初考驾照的时候，一帮人一辆车，好不容易才能轮到一次练习机会，当时有个学员声称家里有需要照顾的病人，想每次先练习完先走，因为关系到大家的时间，于是其他人觉得他的要求不合理，甚至怀疑他说的不是真的，矛盾因此而生。

当时一位女学员，因为离得近，也没有上班，每次都来得最早，后来她主动提出，自己每次跟这个学员交换练习时间，作为代价，她可以每次都最后练，大家于是都没话说了。

然后我发现，在练车的过程中，慢慢地，每个人都变得不那么计较了。最后，考科目二的时候，因为有几个学员非常紧张，大家还一起商量调整了入场顺序，每次都让一个练得好的跟一个紧张的一起进场，起码心理上有个安慰。

最后，大家圆满通过考试，请教练吃饭的时候，教练说你们这一帮是我带过的关系最好的一组，他要给我们颁一个最和谐学员奖，大家都笑了起来，虽然嘴上没说，但是心里都清楚，是最初那个女学员的真诚感动了每一个人。

一个能够影响别人的人，很多时候并不在于他口若悬河的口才，也不在于他有多么强大的能力，更不在于他有如何深厚的背景，而是他能为他人着想，关心他人，用自己的真诚换来他人的信任。如果大家都能够做到彼此真诚相待，这个世界必将充满爱与和谐。

有了悬念，对方会自己为你找话题

我平时比较爱看电影，尤其是一些悬疑情节的。我发现，很多经典电影之所以让人惊叹，并非因为它的素材有多么令人惊喜，而是因为它讲故事的方式实在引人入胜。同一个故事，经过不同的讲述，往往会有完全不同的效果。就像同一个剧本，经由不同的导演执导拍摄之后，呈现出的故事往往也有天壤之别。

克里斯托弗·诺兰执导的一部经典电影《记忆碎片》，就在这一点上体现得淋漓尽致。它所讲述的故事其实很简单，就是一个患有"短期记忆丧失症"的男人通过自己支离破碎的记忆，不断寻找杀害他妻子的凶手的故事；事实上，他妻子的死亡是他自己一手造成的，而曾经袭击过他和他妻子的歹徒，也就是他一直在寻找的所谓"凶手"，早就已经被杀死了。

假如这部影片是以"上帝视角"来讲述故事，从男主角和妻子被袭击到患病，再到发生种种事情……很显然，故事将会变得索然无味。

而导演的高明之处就在于,他打乱了整个故事的叙事方式,让观众跟随男主角的步伐,一点一点地根据自己破碎的记忆片段,去寻找背后的真相;然后,再将真相切割成一个个片段,穿插在其中,让人不由自主地去探寻、去追问,才造就了电影史上的一部经典。

人都是有好奇心的,当你面前出现一个问号的时候,这个问号总是会吸引你不断向前,去寻找一个答案。不管是小说还是电影、电视剧,吸引着我们不断看下去的,正是一个个的问号,一条条延续不断、不知将会伸向何方的线索。如果你听过评书,一定会记得那句著名的台词:"欲知后事如何,且听下回分解。"这大概是所有评书迷最"痛恨"的一句台词,因为这句台词总是会出现在最精彩、最关键的时刻,让故事带着问号戛然而止。但也正因为如此,听众很想知道问号后面的答案,于是依然会在第二天的同一时间继续去听。

聊天其实也是一样,你想让谈话对象对你所说的事情感兴趣,希望能与你一直进行交流,就要懂得设置悬念,激发对方的好奇心,引导对方主动向你提问,追问你"为什么""后来呢"。要知道,悬念无疑是加热"谈兴"的最有效的工具。

我的大学室友阿超有一个奇特的代号叫"你猜怎么着",因为这是他每天会说上无数遍的口头禅,后来演变成大家看到他时打招呼的特殊用语。无论谁看到阿超,都会笑着跟他对一句"你猜怎么着"!

洞悉人性
在复杂关系中让自己活成人间清醒

那时候,阿超特别擅长跟同学在一起聊天、讲故事,大家都觉得即便是一件挺无聊的事,如果从阿超嘴里讲出来也会特别有意思,因为他总是会不停地想办法制造悬念,那句"你猜怎么着"能够把听他说话的人牢牢吸引在他身边,总是想要知道他下一句要说些什么。其实,阿超的能力并不神秘,那就是利用悬念来激起对方的好奇心,从而让交谈变得更加有趣。很多时候,对方有了好奇心,往往就会提出自己的问题,这时我们就能够直接获得对方的关注点,进一步有针对性地把控交谈过程。

我的这位室友阿超,他的"超能力"还有更为神奇的后续,相信大家都愿意继续听一听他的故事吧!

阿超毕业后去了一家房地产销售公司,在那里他可以说是把自己的"超能力"运用得淋漓尽致,只要是他接待的客户,无论最后成交与否,最起码都很乐于跟他聊天,而他的成交率在销售部也是最高的。

有一次,阿超接待了一个很年轻的女客户,一开始他并没有直接推销房子,而是跟客户聊了起来。他说:"我像你这个年纪时,凭着一股闯劲独自来到北京闯荡,到了北京出了火车站才发现自己完全是一头雾水,不知道何去何从。你知道吗?这时要不是我遇到一个朋友啊……"说到这儿,他故意停了下来。果然,客户问:"后来呢?"见成功地勾起了客户的好奇心,阿超说:"后来,我在朋友那儿住了两天,在他的帮助下,找到现在的这份工作。"客户说:"原来如此。"很显然,客户已经对阿超的话产生兴趣。

阿超接着说:"所以像你这样年纪轻轻就能够买房的,一定是相当有能力的人,让我猜一猜你的职业和你想要看的户型吧?如果猜错了,我一会儿给您打折怎么样?"其实,这个女客户当时是替父母来看房子的,虽然当时并没有买房,但是跟阿超在售楼部竟然聊了一个下午,聊成了朋友。

再后来,阿超真的把房子卖给了这个女客户的父母,而且把这位女客户变成自己的妻子。后来,我们大学室友每次聚会,大家都会拿这个出来调笑阿超,说:"你小子这辈子就靠这张嘴了,不光靠这张嘴找到工作干好了事业,还骗来了一个如花似玉的媳妇儿!"

在谈话时设置悬念,勾起对方的好奇心,真的是一个相当高明的交谈技巧。我们也可以把它运用在日常交谈过程中,一开口就让对方感兴趣,继而投入热情的互动,这样才能一举两得,既满足了对方的猎奇心理,又能够让自己获得想要的信息。

一场谈话中,当一方能够成功激起另一方的好奇心,并让对方主动发问,也就意味着提问已经成功了一半,剩下的一半就要看悬念制造者是否能够抓住机会,利用对方提出的问题进一步沟通和交流,从而更好地掌控交谈过程。在如今这个"媒体时代",好奇心营销更是铺天盖地,相信大家都有深切的体验,无论是新闻还是推销,都要用一个相当吸引眼球的标题来勾起阅读者的好奇心,然后进一步获取点击率。这样的套路,其实并非互联网新媒体的创新,而是人性使然。

即使对方犯了错误，也要让他自己领悟

苏格拉底是古希腊著名的思想家、哲学家和教育家。一天，苏格拉底和弟子们聚在一起聊天。一位家境相当富裕的学生，趾高气扬地向所有同学炫耀：他家在雅典附近拥有一块一望无边的肥沃土地。

当他口若悬河大肆吹嘘的时候，一直在身旁不动声色的苏格拉底拿出一张世界地图，然后说："麻烦这位同学指给我看看，亚细亚（亚洲）在哪里？"

"这一大片全是。"学生指着地图洋洋得意地回答。"很好！那么，希腊在哪里？"苏格拉底又问。学生好不容易在地图上将希腊找出来，但和亚细亚相比，的确是太小了。"雅典又在哪儿呢？"苏格拉底又问。"雅典，这就更小了，好像是在这儿。"学生挠挠头，指着地图上的一个小点说。最后，苏格拉底盯着他说："现在，请你再指给我看看，你家那块一望无边的肥沃土地在哪里？"

这位学生汗都下来了，他心里自然清楚，他家那块一望无边

的肥沃土地在地图上连个影子也找不到。这时他已然明白，老师苏格拉底的这一番询问其实是在批评他，他无比愧疚地说道："对不起，我找不到，我知道自己错在哪里了。"

苏格拉底其实连一句结论性的话都没有说，而这位学生却通过他的提问和暗示，明白了苏格拉底批评他的意思，并且做到了发自内心的愧疚和反思。这种循循善诱的暗示，可以说是非常高明的教育方式，能够引起当事人的反思，有着格外好的教育效果。

之所以要讲苏格拉底的这个小故事，是因为我发现，许多时候，即使对方的做法和认知确实是错误的，他也不愿意全盘接受你的建议和批评。人的内心总有一种抗拒批评、抗拒改变的惰性，在我们交流的过程中，如果方法方式不对，很容易在这种惰性上碰钉子。而实践证明，循循善诱的交流方法，其实是最有效的说服手段。

我的外甥小勇，是很多家长口中典型的"问题少年"，学习态度不好，成绩很差，经常应付作业，考试抄袭，而且还不听老师的话，经常被批评和叫家长，让父母十分头疼。表妹曾经不止一次地向我诉苦过。

但是到了初中二年级，小勇的学习情况突然有了翻天覆地的变化，成绩也飞速进步。后来经过了解，是因为孩子遇到了一位"神奇"的班主任，竟然把孩子调教得服服帖帖，不仅积极学习了，就连对待老师和同学的态度都大大好转。

从表妹口中得知这一情况的我，对于这位老师的教育方法非常感兴趣，特意找了个机会，陪表妹一起拜访了这位老师。

老师得知我们的来意之后，笑着对我说，其实我并没有批评他，也没有苦口婆心地劝他，只是让他帮我做了几件事情而已。这个年龄段孩子的心理，我非常清楚，如果你一味地去说教，反而会激起他的逆反心理。

在我的恳求下，老师又详细说了一些小勇的情况，让我受益匪浅。

原来刚开学第一天，小勇就因为要同学帮自己写作业遭到拒绝而动手打人被老师叫到办公室，班主任看着他一副大大咧咧的样子，似乎并不觉得自己不写作业和打人有什么错，而且从上学期老师们的口中班主任得知：这个小勇是出了名的刺儿头，所有老师一提到他就头疼不已。

既然这个小勇一副"死猪不怕开水烫"的样子，那么就换个方式来治他吧！班主任这样想着，一边招呼道："小勇，你来帮我查两个字，老师这会儿忙，顾不上。"

小勇很意外，他是准备好被骂个狗血喷头的，没想到这个班主任竟然不按常理出牌。于是，他拿过字典，很快就把那两个字查好并写了下来，班主任很满意，还夸他字写得挺工整的，然后又跟小勇聊起了他的父母。见到这个新班主任竟然如此平易近人，小勇也放下了戒心和抗拒的心理，开始跟班主任聊了起来。过了一会儿，班主任说："来，你把刚才那两个字默写一下。"

不出所料，小勇写得又快又对。"你看'眼过千遍不如手过一遍'，老师们之所以布置作业，就是为了让你们在写的过程中把知识记得更牢，你说是吗？"

说到这里，这位班主任老师笑了笑，扭头对我说：你们一定想不到，小勇这个孩子那时好像一下子就开窍了，他竟然主动向我认了错，而且向我承诺，以后不会再像以前那样犯错误了。

也就是从那之后，小勇的学习态度有了很大改观，不仅父母，连同学都觉得他似乎换了一个人，成绩和表现都越来越好了。

听到这里，我恍然大悟，还是这位班主任老师水平高。这个班主任虽然没有像之前的老师那样严厉批评小勇，但是说的每一句话都是那么有道理，连我听了都觉得能说到自己的心里去，更不用说小勇这样的孩子了。

可见，很多时候，批评和唠叨都无法奏效时，循循善诱的教导更能震撼心灵，更能把意见深入对方大脑中去。苏格拉底也好，小勇的新班主任也罢，都是交流沟通的高手，他们懂得用暗示和引导对方自我反思的方式去交流。

正所谓润物细无声，于无声处听惊雷，这种循循善诱的方式，既不会引起被教育者的逆反心理，又拉近了双方心灵的距离，堪称交流的最高境界。

洞悉人性
在复杂关系中让自己活成人间清醒

让对方认定，这是他自己的主张

身为讲师，我不可避免地会遇到一些"杠精"学员，我在纠正他们一些固有的错误观点时，会遇到很大的阻力。毕竟很多观念不是一朝一夕形成的，它深入人们的内心，甚至会演变为行为准则，一旦有一天被宣布是错误的，人们潜意识中的自尊心就会强迫自己去否认，这种时候，老师想要去纠正就非常困难了。

后来，我渐渐总结出一套方法，那就是归谬法。简言之，就是姑且不否认对方的错误观点，而是顺着对方的意思去说，沿着对方错误的路线跟对方一起往前走，不仅要走，还要带着他跑起来，在错误的道路上越跑越远，最终碰壁或者掉下悬崖。

往往在这个时候，固执己见的对方才会真正意识到自己的错误，这时根本不用我再去纠正，他自己就会默默地改变观点，承认自己的错误。

我之所以能够总结出这样的方法，其实并不是全靠自己，而是借用了先哲们的思辨。下面我列举其中的一个小故事，大家不妨一起思辨一番。

春秋时期,齐景公最喜欢马。有一天,他最喜爱的一匹马突然莫名其妙地就死了,齐景公认为是照顾不周,把一腔怒气全发在养马人身上。他命令手下人操刀,准备对养马人施行肢解的酷刑。

这时,齐国大夫晏子正好在齐景公身边,眼看着刽子手拿着刀就上来了,他觉得这样杀掉养马人肯定是不妥的,于是想要制止这件事。但是转念一想,这时的景公正在气头上,未必能劝得住,于是话锋一转,对景公说道:"请问,古时候尧、舜肢解人的时候,是从身体的哪一个部位开始?"

我们知道,尧、舜可是大家公认的圣人,他们是不可能做出肢解人这种事的,景公当然也知道这一点,而且他也听出了晏子话里的意思,于是收回之前的话,不再肢解养马人了。可是那匹马毕竟是景公的最爱,他实在是心有不甘,又宣布要把养马人处以死刑。

晏子听了,知道景公不肯罢休,然而再要强行进谏,恐怕不会奏效。于是,晏子学着景公命令的口气说道:"这个马夫一看就不怎么聪明,死到临头,恐怕都还不知道自己犯了什么重罪。让我来替君王把他的罪状逐条宣布一下,让他死得明明白白、心服口服!"

景公觉得晏子的话很有道理,就批准了。

于是,晏子开始宣布:"第一条,君王命你养马,你不但没养好，还把马弄死了，这是第一条死罪。"其实，马并不是养马人弄死的，而是突然暴毙，大约就是得了急症什么的，晏子故意这样说，是说给景公听的。

"第二条，你弄死的偏偏是君王最爱的马，以后君王没办法骑着这匹马外出游玩打猎了，这是第二条死罪。"旁边的景公听到晏子这样说，皱了皱眉，但没有说什么。

"第三条，因为你自己的疏忽，导致君王因为一匹马而杀人，这件事传出去的话，会被自己的百姓耻笑，也会被其他诸侯嘲讽，使得齐国的声誉遭受损失，这是第三条死罪。"

晏子说完这三条死罪，又大声命令刽子手："还不快把这个十恶不赦的马夫拖出去斩首！"

这时，一旁的景公尴尬不已，脸上红一阵白一阵，他这时反倒忙不迭地开始制止刽子手："且慢且慢，还是放了养马人吧！"

很明显，晏子在这个小故事中并不是直接求情，而是顺着景公的话，用景公的逻辑推论出他也觉得不妥的结果来，从而达到说服对方改变决定的目的。这种"以子之矛攻子之盾"的说服技巧，当真是用得精妙无比。正如一句名言所说："用对方的思维打败对方，是最高明的沟通术，能掌握这种沟通方法的人，是真正的心理操控大师。"

这样的技巧不仅对我的课堂有用，在生活中的很多时候，它也会大放异彩。我们必须承认的一个事实就是：有些交谈的目的就是要说服对方，不管你多么虚怀若谷，多么委婉，多么顺着对方的意图去说话，但最终目的只有一个，那就是说服对方接受自己的主张。

那么这个时候，我们如果掌握了这种"以子之矛攻子之盾"的辩驳技巧，能够用对方的观点去说服对方，无疑对于我们的交流有着重要的推动作用。这个技巧听起来有点高深莫测，实际上并没有那么复杂，也就是顺着对方的逻辑去说话，最终指出对方逻辑中的错误之处，从而让对方无话可说，最终认可我们的说法。

我还记得这样一则逸事：赫尔岑是俄国著名的文学批评家。有一次，他参加一个晚会，晚会上演奏的轻佻音乐使他非常厌烦，他不得不用手捂住耳朵。

这时候，主人有些不高兴了，他走过去询问赫尔岑："您不爱听？演奏的乐曲可都是最高尚的，也是最高雅的。"

赫尔岑反问道："您是依据什么断定这些乐曲是最高雅的呢？"

主人不屑地回答道："因为它们非常流行呀。"

赫尔岑又问道："流行的乐曲就是高雅的吗？"

主人傲慢地回答："这还用说？不高雅的东西又怎能流行呢？"

赫尔岑笑着说："那么，我姑且承认你的话，那么接下来我想问你一个问题：最近感冒的人非常多，医生说这是流行性感冒，那么，流行性感冒也是高雅的了？"主人一下子张口结舌，无言以对。

日常生活中，当我们想要说服他人的时候，有时候正面硬碰并不是件明智的事，因为没有人喜欢被人否定与顶撞，尤其是很多时候，我们的说服对象是我们的长辈或者是上司，以及其他一些不方便直接呛声的对象。所以，这个时候如果能"顺着他人的"意思用他逻辑中的问题去引出明显错误的论点，然后再用来说服对方，绝对是个好主意。

　　需要注意的是，我们在运用这一技巧时，要注意必须以对方的论点为前提，推论出非常明显的荒谬结论，从而证明对方论点的虚假性，这样才能起到最好的说服作用。

话题再"热",不如情绪热烈

春天来了,在繁华的巴黎大街上,站着一个衣衫褴褛、头发斑白、双目失明的老人,而在他身旁立着一块木牌,上面写着:"我什么也看不见。"路上的行人来来往往,几乎铺了满街满巷,可是很少有人施舍。

这时来了一位诗人,他见这位盲人神情哀伤,拿起笔在木牌上写了几个字。

下午诗人再次路过时,乞讨者已收获丰厚,他不解地追问:"好心的先生,不知为什么,下午给我钱的人多极了。"

诗人听了,微微地一笑,原来他把牌子修改为:"春天来了,可是我什么也看不见!"

经诗人修改过的一句话竟有这么大的魔力,原因何在?原来,这句话的魔力在于它有非常浓厚的感情色彩。春天是美好的,草长莺飞,姹紫嫣红,但这良辰美景,对于一个双目失明的人来说都是虚设,这是多么悲惨!当人们想到盲人眼前一片漆黑,一生中连春天都不曾见过,怎能不产生同情之心呢?

"感人心者,莫先乎情。"语言一旦注入感情元素,就能随风潜入夜、润物细无声,真正软化、温暖和焐热人们的内心,带动人们的情绪。

我们都会有这样的体会:对一件东西或者一个人的感觉,主要是由情绪来决定的,而不是理智。比如,你身边可能存在这样一个人,他有很多优点,人人都夸赞他好,但你却偏偏不喜欢他;而另一个人可能有很多缺点,一数一箩筐,但你却偏偏喜欢亲近他。

又如,某件东西可能很实用,设计也很新颖,但你却完全不想要;而另一件东西,几乎没什么用处,也不见得有多好看,却偏偏入了你的眼。

像这样理智和情感背道而驰的情况,并不少见。很多时候,喜欢或讨厌并不需要多么严谨的理由,哪怕只有一个触发情绪的小火星,也可能造成一场情感的"大爆炸"。

可见,在与人交往时,如果你想要走进对方的内心,你需要考虑的不是如何去找话题,如何去有技巧地交谈,而是如何调动对方的情绪,触动对方的情感。

我认识一个做食品深加工研发的朋友,当年他刚刚应聘到一家食品企业时,为了有所表现好立足,把全部精力都投入一项研发工作,废寝忘食地整整干了一个星期,吃住都在实验室,最高纪录是连续40多个小时没有休息。

当研究工作暂告一段落后,他在床上睡了整整一天一夜,醒来时一眼就看到主管正坐在他的床边。

见到他睡醒了,主管立刻拉住他的手,说:"年轻人,你太拼命了。我宁愿这个项目拖一拖,也不想看到我的下属如此拼命。我也是技术员出身,能体会到你的辛苦,你的心意我领了,身体健康才是最重要的,以后不要这么拼命了,就是项目不成功,我也不会怪你的。"

我这个朋友跟我说,他当时真的非常感动,从那之后,他忽然觉得自己有了归属感,不再是为了工资而工作,而是把研制新产品当成他的事业。接下来,不到半年的时间,新产品便研制成功,为企业的进一步发展开辟了广阔的前景。

现在,这个朋友成了那家企业的主管。他不止一次地跟我说过,不管他将来会不会跳槽,在他心里,那位主管永远是自己的领导。

我十分佩服朋友的那个主管,他用自己的情感带动了下属的情绪,赢得了人心,也为企业带来了发展,更提高了他的企业领导者身份。这种情感上的关怀,没有让下属感到工作和老板给他带来的压力,而是贴心的温暖,从而更加激发下属的士气,使得他不再为工资、为个人吃饭而工作,而是为自己和企业的事业而"玩命"。

很多时候,情感上的热度远比无休止的说教更有效果。

情绪是语言的温度,同样的一句话,用不同的情绪表达出来,整个意思也都可能完全不同。在和别人交流、沟通的时候，我们不能仅仅只做一个事实的陈述者。在谈话中，如果你无法调动谈话对象的情绪，无论你的语言多么有技巧，也很难引起对方的情感共鸣。

你必须将自己的情绪感染给对方，或者接纳对方所传达的情绪——只有充分调动起谈话者的情绪，这场谈话才可能升温，你与谈话对象之间也才可能产生良好的"化学反应"。

试想一下，如果你和一个人聊天，不管说到什么事情，对方都面无表情，毫无情感波动，你会觉得这场谈话有意思吗？所谓的"知己"，最重要的一点，就是要能有情绪上的共鸣，共同愤怒所愤怒的、高兴所高兴的。

我们都有这样的体会：当交谈双方在情感上达成统一后，情绪的相互感染会让彼此的情绪体验更加强烈，这场谈话也就更加让人觉得畅快淋漓。这就是为什么在生活中，有时你会感觉到和朋友凑在一起说一堆无意义的废话，似乎比和一位智者在一起探讨生活的真理更有意思。

所以，当我们和别人交流时，一定要有真情实感，这样才能表达出真实的情绪，并且感染到对方。当我们以饱满的热情和真实的情绪去面对别人时，你就会发现话语更富人情味，更具感染力和可信度。这个时候，要打开对方的心扉，就不是一件难事了。

第九章

规避人性风险,做个聪明的善良人

不是所有的笑，都在向你示好

前段时间看的一部电视剧里有这样一个情节：

嫁入豪门的继母为了把继子"养废"，从小就对他千依百顺，宠溺非常，不管他闯了什么祸，都会悄悄帮他摆平，不管他想要什么，都双手奉上，从来不逼迫他去学习任何东西……最后，在继母的"捧杀"教育下，继子被养成一个不学无术的纨绔子弟，最终因酒后飙车撞死人而毁了自己的一生……

剧中的继子大概永远也不会想到，毁了自己人生的罪魁祸首会是那个从小就对他温柔浅笑的继母吧。生病了是她陪在身边，被父亲责骂是她挡在身前，闯了祸事是她在身后帮忙"擦屁股"。可谁又能想到，这样的宠爱背后却是淬满了毒液的心思。

正所谓"人心隔肚皮"，并非每一个微笑背后都是开心，也并非每一次维护背后都是关爱。那些对着你总是笑容满面的人，谁又知道那笑容背后是否藏着淬了毒的刀子呢？人心本就复杂，又因有智慧而学会了伪装与掩饰，所以别总是活得那么傻，看不清前路的人，随时可能一脚踏空，坠入无底的深渊。

朋友庄恒就曾遭遇过类似的事情，那是许多年前他刚大学毕业踏入职场时发生的。

庄恒是个服装设计师，大学毕业之后在父亲的引荐下，去了父亲一位好朋友的公司工作。当时，为了不被别人以为是"关系户"，庄恒还特意隐瞒了自己的身份，在公司也从来没有主动找过老板，所以公司里的同事都不知道他有"后台"。

设计部当时分成两个小组：A 组和 B 组。A 组的负责人周小姐是个脾气暴躁、要求严格的人，被大家戏称为"灭绝师太"；B 组的负责人罗哥则和周小姐完全不同，是个脾气温和、脸上带着笑容的人，有人私底下叫他"笑面虎"。庄恒就被分到了 A 组，从此在"灭绝师太"的手底下讨生活。

周小姐对下属的要求非常严格，有时候在庄恒看来已经到了严苛的地步。一个设计稿，周小姐可以因为一个小细节不满意就勒令庄恒加一整夜的班去修改，直到改得她满意为止；一件事情，只要有丁点儿地方不妥当，周小姐就能劈头盖脸给庄恒一顿骂，让他在全组人面前都抬不起头来。很多时候，庄恒甚至觉得她好像是专门针对自己似的。

相比周小姐，罗哥在庄恒的心里简直就是天使一般的人物，他几乎从来没有见过罗哥生气，即便手底下的员工犯了错，罗哥也总是笑眯眯地鼓励对方，给对方加油打气，哪里会像这个脾气暴躁的"灭绝师太"。

当时和庄恒一起进公司的还有一个叫小林的设计师，他就被分到了罗哥的 B 组。和庄恒相比，小林的日子那才叫一个逍遥，不仅不用加班，罗哥还常常请组员们出去吃饭，工作就跟度假似的，让庄恒羡慕了好长一段时间，甚至萌生出"跳组"的想法。

事实上，庄恒确实已经偷偷准备好了一份"换组申请"，就在他打算偷偷交上去的时候，恰巧碰到顶头上司周小姐和老板在聊天，因为不想让周小姐知道自己和老板的关系，所以庄恒并没有立即走过去。

令人意外的是，他居然听到周小姐在向老板大力举荐他，甚至提出想让他代表公司参加两个月后的一场服装设计大赛。庄恒感到很吃惊，他一直以为周小姐之所以对他这样严苛是因为不喜欢他，所以故意找碴儿针对他，结果人家却是因为看中了他的潜力，觉得玉不琢不成器，所以才对他处处要求严格。

庄恒最终并没把换组申请递交上去，那天之后，他摆正了自己的心态，开始认真努力地对待工作。在周小姐惨无人道的"调教"下，庄恒的进步堪称是一日千里。

至于一直让他羡慕不已的小林，却在实习期结束后黯然离开了公司。很久之后，庄恒隐约从别人口中听说，原来当初小林之所以会离开公司，是因为他的设计被组长罗哥抢走了，罗哥盗版了他的创意，并署了自己的名字，小林气不过找他理论，却被他赶走了。因为手头证据不足，小林也只能憋屈地咽下这口气。而且，据说这种事情，罗哥也不是第一次干了。想到罗哥那张总是笑得春风和煦的脸，庄恒心里说不清是种什么滋味儿。

并非每个笑容都意味着善意和接纳，有的人早已习惯将微笑变成面具，以掩盖内里的狠辣和阴毒。人心难测，那些一直对你笑的人，可能笑里藏刀；反而那些看似对你狠的人，却可能是在帮你"磨刀"。

所以，与人交往，要学会用心去看、去感受，而不是仅仅只靠眼睛。眼睛看到的未必就一定是真相，但如果你能摒弃偏见，用心去感受，相信一定能甄别出何为善意、何为恶念。

他说为你好，未必真的为你好

生活中，常常会听到有人告诉我们："你应该……我这是为你好。"

"为你好"这三个字相信每个人都听过很多遍，或许是出自长辈口中，或许是出自朋友口中，也或许是出自恋人口中。说出这三个字的人，本心或许的确是想要"为你好"，可他人并非我，又怎能真正明白什么才是"为我好"，什么才是我想要的、渴望的呢？

父母对孩子说："别整天看漫画，好好学习才是正道，我也是为你好，等你以后明白了就知道感谢我了。"

诚然，在很多时候，孩子们都缺乏自制力，若失去管束，一不小心就可能做错事、走错路。然而，管束不该成为一种霸道的强迫，喜欢漫画的他或许将来会成为一名伟大的漫画家，或许这就是他一生最为钟爱的事业呢？

妻子对丈夫说："你把这些东西送去领导家，别老是摆出一副清高的样子，想想你那些升职加薪的同事，别老是这么没出息，我说这些你也别不爱听,我那是为你好……"

每个人心中大概都有出人头地的渴望,然而对于有的人来说,一贯坚持的原则比这种渴望更加重要。现实的利益与精神的满足,到底孰轻孰重呢?每个人都有不同的价值观,有的人愿意为前者而丢弃后者,有的人却甘心为了后者而放弃前者,哪一种选择才是真正"值得"的,这没有标准答案,只有那个做出选择的人自己知道罢了。

朋友对你说:"这个机会可是别人求都求不来的,你怎么能轻易放弃呢?不过就是出国两三年而已,这辈子可能就这一次机会。你要真的为了他放弃这次机会,以后有你后悔的,我是为你好才这么说……"

爱情与事业未必时时都能两全,有时你必须放弃其中之一。有的人觉得,为了爱情放弃事业是种很傻很天真的想法,也有的人觉得,为了事业放弃爱情是本末倒置,终究有一天会后悔。然而,这其实不过就是两条分岔路罢了,你选了一条,注定要错过另一条路上的风景,不管你的选择是什么,都不会完美。但同样,不管你的选择是什么,也都不存在绝对的对或错。重要的是,你心底真正的渴望是什么,这一点谁还能比你更明白呢?

很多时候,别人口中的"为你好"不过只是一种自以为的"为你好",他们心中对你有所期许,渴望你能变成他们期许中的模样。然而,别人所期许的,未必是我们真正想要的,那些期许能够满足别人,却未必能够让我们获得满足。

过年的时候,众亲戚聚在一起,对侄女一通口诛笔伐,劝告她和新交的男友分手。侄女的男友是她的大学同学,两人已经交往了两年多,感情非常好,如今眼看就要毕业,自然要开始为以后做打算。

侄女是独生女,家里舍不得她在外头打拼,一心希望她毕业就回家,考个公务员,轻轻松松地过安稳日子。侄女的男友家在外地,和侄女隔着大半个中国,也是家里的独生子,遥远的距离成为他们爱情的最大阻碍。

为了让侄女"面对现实",众亲戚说得唾沫横飞,把距离、家庭、婚姻、工作、未来……但凡是能想到的问题都通通提了出来。甚至还有亲戚主动表示,要给侄女张罗相亲。每个人口中都在说着"为你好",却把侄女逼得不厌其烦。

侄女说:"或许正如大家说的,什么情啊爱啊的,也就是昙花一现的事儿,等过了一定年纪,这些东西就都是浮云了,什么都比不上安安稳稳地过日子强。可我这不还没过一定年纪的吗?我还年纪轻轻,对爱情、婚姻有着美好的憧憬,难道就要提前进入'心如死灰'的生活?和他在一起确实存在很多问题,以后我们可能会克服这些问题,幸福美满一生,也可能会因为这些问题而分开,甚至彼此怨恨。可我现在很幸福,我想和他在一起,难道就要为了未来那些不确定的不好的可能性而放弃眼前实实在在的幸福?这真的是为我好吗?即便我换了一个男朋友,选一个其他人都满意的对象,谁又能保证我未来的婚姻生活就一定是幸福的呢？'为我好'，所以每个人都希望能给我一车苹果，可谁又明白，我根本一点儿都不喜欢苹果，只是想要一个橘子呢……"

未来总是充满不确定性，你永远不知道今天的选择会为你带来怎样的结局。那些"为你好"的人，总希望能将自己走过的路变成指引你前进的灯，让你规避他们经历过的风雨，让你踏上他们错过的捷径。然而，路早已不是那条路，走路的人也早已不是当初的那个人，你又怎能知道如何走才是正确的呢？那些"为你好"，能给我们带来的，真的是"好"的吗？

一个人只有一辈子，路该怎么走，还得自己决定。同样，也不要总是试图打着"为你好"的旗号，去干涉别人的路。人与人之间不管是怎样的一种关系，父母与子女，丈夫与妻子，或是朋友与朋友，都应该做到互相尊重，而尊重的一大前提，就是聆听。不要试图将自己的意愿强加于他人身上，不要试图强迫他人做违背自己意愿的事情，这便是尊重。

熟人最保险？也可能最危险

社会心理学家认为，在人际交往过程中，最危险的事情就是产生情感。有人做过这样一个比喻，说人与人之间的相处，就好像两只刺猬依偎在一起取暖，离得远了，达不到取暖的效果，而离得近了，又容易刺伤对方。

人和人之间其实也是如此，距离保持得太远，彼此总是疏离，难以建立联系；但若是靠得太近，又容易因过分的亲密而产生情感，形成依赖，而情感越深，依赖越浓，便越发容易出现矛盾。

从心理学的角度来看，人与动物之间最大的不同就在于，人拥有思想和情感。思想可以帮助我们更好地分析利弊，做出更有利于我们自己的选择；但情感却可能蒙蔽我们的双眼，让我们在冲动之下做出不利于自己的事情。当然，情感所能带给我们的欢愉同样也是思想所远不能及的。正因如此，人才往往更容易被情感所支配，从而滋生出无尽的烦恼。

这一点相信很多人在生活中都深有体会。出去买东西，一家店和你毫无联系，另一家店则是你的熟人开的，大多数人会毫不犹豫地选择后者，因为在大多数人看来，相比起陌生人，与自己相熟的人自然更值得信任，毕竟双方有着情感的加持。

当然，这种想法有一定的道理，你照顾熟人的生意，熟人则给予你一定的优惠和质量保证，这是一件能够达成双赢的事情。但事实上，在这个世界上，并非所有人都愿意追求双赢——你走进熟人开的店铺，因为彼此有情感的加持，你通常无法鼓起勇气去讲价，甚至进行严苛的对比或挑选，你毫不犹豫地将选择权交到对方手里，即便最终拿到手的东西不是那么理想，花费的价钱也不是那么优惠，可有什么办法呢？因为有情感的加持，碍于情面的你，甚至都不好意思去理论一番——相信这样的体验，很多人也都曾亲身经历过吧？

瞧，熟人真的最保险吗？未必，有时候，熟人也可能是最危险的存在。

有人说过这样一句话："你最大的敌人往往正是与你最亲密的人。"因为只有在面对最亲密的人时，我们才会毫无防备地交出自己的后背，展露自己的弱点，甚至双手奉上自己的把柄。感情是把"双刃剑"，可能最美，也可能最危险。

母亲身上发生过的一件事让我对此感受甚深。那是前些年的事了，某日母亲突然打电话告知我，说想要和一个关系甚好的老姐妹一块儿投资做小生意。母亲说，她那位老姐妹的女儿现在在广东那边做生意，专门帮人进货，服装、首饰、箱包、化妆品等应有尽有，她就和女儿合计，打算利用女儿的进货渠道倒腾些合适的东西过来卖，开个小店铺，也不费神。母亲一听这事就觉得挺有兴趣，正好退休之后，她也一直想找点儿事情做，当即就答应了下来，于是就和她那位老姐妹相约一块儿去广东那边考察一下具体情况。

约定好出发的日子之后，那位老姐妹就主动包揽了一切出行的事情，包括订票、酒店住宿等。母亲和她已经相识了几十年，都是老交情，自然也就没和她客气，乐得清闲。可没想到的是，直到出发的时候，母亲才发现，她们要去的目的地不是之前说的广州，而是北海。老姐妹向母亲解释，说她女儿被安排出差去了，约好过几天大家在北海碰头，然后再一块儿去广州。听了这事，母亲有些不高兴，但一想反正都出来了，就当在北海旅游几天，也就没再往心里去。

等到了北海之后，母亲才终于觉出问题来。原来所谓的帮人进货，开店买东西，全都是子虚乌有的事情，那位老姐妹的女儿一直在北海做传销。母亲非常愤怒，她怎么也没想到，自己一直信任有加的老姐妹居然会用这样的套路来欺骗她。耐着性子在北海耗了几天，辗转被一群人拖着去听了各种莫名其妙的"洗脑课"之后，母亲终于借口家中有事离开了。

临走之际，老姐妹满是愧疚地拉着母亲的手说了许多话。她说本不愿意欺骗母亲，但又觉得"老师"说得对，这不能叫欺骗，只是想有钱大家一起赚，给母亲一个发财的机会，等日后发达了，母亲就会知道，她这么做是为她好……

那件事之后，母亲和她那位老姐妹生疏了不少。母亲说，或许她做这些事的出发点是好的，确实抱着想要和她分享好机会的善意，但即便如此，她再也无法像从前那样信任她了。毕竟这个世界上，好心办坏事的人还真不少。越是熟悉的人，你就越是不容易对对方生出防备之心，然而却也正是因为如此，我们偏偏最容易被熟人所伤害。

充满智慧的老祖宗很早之前就曾告诫我们："害人之心不可有，防人之心不可无。"人心难测，与人交往，最忌讳的就是盲目交付自己的信任。当然，这不是说我们就非得带着怀疑的眼光去看待一切，不相信任何人，而是告诫大家，在做任何决定之前，都应该学会用理智去思考，而不是任凭感情去支配。

就像母亲和她的老姐妹，事实上那位老姐妹的谎言并没有多么高明，母亲有数次机会可以发现其中的漏洞。然而，就是因为彼此之间感情甚笃，彼此相熟而交付出去的信任，让母亲自动忽略了一切的不对劲，最终坠入"陷阱"。

心中留存一道防线，这不仅是对自己负责，同时也是对亲近的人负责。若他人有心欺骗，你的防范至少能最大限度地减少损失和伤害；若他人是无心之失，你的防范在保护自己的同时，至少还能帮助对方减少些许愧疚。

一口一个称赞，小心糖衣炮弹

赞美的话语人人都爱听，哪怕是世上最冷酷无情的人，也不会将真诚的赞美之词拒之门外。然而，正因如此，赞美往往也是最危险的东西，一旦沉迷其中，就容易妄自尊大，失去对自我的准确定位。因此，在面对别人的称赞时，一定要懂得保持头脑冷静，小心被"糖衣炮弹"所攻陷。

心理学上有一种效应叫作皮格马利翁效应，也称期待效应，是美国著名心理学家罗森塔尔和雅各布森提出来的。他们认为，人的情感与观念会不同程度地受到别人下意识的影响，人们会不自觉地接受自己喜欢、信任、崇拜以及钦佩的人的影响及暗示。

简单来说，如果你很重视的人，比如父母、恋人、挚友或者领导，他们认为你是个非常优秀的人，那么对待你的时候就会不自觉地流露出这种态度，而你在这种态度的对待之下，也会下意识地接受暗示，认为自己很优秀，并确实变得越来越优秀，成为他们期待中的样子；相反，如果他们认为你一无是处，那么同样地，在对待你时就会流露出相应的态度，而你在接受这种消极的暗示之后，也容易变得越来越差，成为他们口中的"废物"。

在发现这个有趣的效应之后，不少人开始改变自己的教育或引导方式，将批评变为称赞，试图用这样的方法来影响对方，让对方能够变得更加优秀。父母不再批评孩子，而是将批评变成无尽的赞美，称赞孩子的点点滴滴；妻子不再打击丈夫，而是将奚落变成崇拜与肯定，想方设法地满足丈夫的自尊心；领导也不再怒斥下属，而是在脸上挂满温情与鼓励，指望通过称赞来激发下属的最大潜力。

然而，许多人却忽略了过犹不及的道理，将称赞变得越来越"用力"。殊不知，甜言蜜语是糖也是毒，让人沉醉不已，却也能毁人于无形。孩子在父母的称赞声中变得不思进取，丈夫在妻子的崇拜声中变得妄自尊大，下属在领导的鼓励声中变得自视甚高。于是，糖果便成了炮弹，不仅没能激励对方勇敢前行，反而让对方在虚幻的美丽与甜蜜中迷失自我，失去坚忍的心性。

所以，在面对赞美的时候，一定要懂得控制心中膨胀的喜悦与自信，赞美可以是甘醇的酒，却也可以变成催命的酒精，让我们在脑子不清楚的情况下，不知不觉地踏入万丈深渊。

秦亮是我认识的一位小辈，人很聪明，从小被人夸到大，刚进公司没多久就得到领导的看重，前途不可限量。

在公司里，和秦亮关系最好的是一个叫王明的人，他和秦亮是大学同学兼舍友，两人关系特别好，当初也是相约一起面试，并一起进入公司,又分在同一个部门。王明是个心思活络的人,从大学时代开始就是秦亮的"小跟班",主动奉秦亮为"大哥",对他崇拜得不行,和秦亮说话,三句不离吹捧,活脱脱一个"迷弟"的样子。

王明其实也是个非常优秀的人,只不过偏偏被秦亮压着一头,所以才显得不是那么出众。有段时间,公司接了一个大项目,领导把其中一个环节的任务交代给秦亮负责,一副想要提拔他的样子。原本秦亮挺紧张的,但王明知道后,却对他一通猛夸,好像他闭着眼睛随便动动小指头就能把这件事做得天衣无缝似的。王明的称赞和吹捧很快就帮秦亮重拾了信心,这点信心甚至还有点儿膨胀起来。

在王明的不停吹捧下,秦亮禁不住有些飘飘然起来,心里真把自己当成天才,领导交代给的任务也完成得马马虎虎,错漏百出而不自知。后来,由于准备不充分,秦亮负责的环节险些就捅了大娄子,幸好王明及时做出反应,这才挽回了错误。

经过那次事情之后,领导对秦亮感到很失望,反而注意到了一直看似表现平平的王明。不久,王明就接到总公司的调任书,而据说这份调任书之前本来是打算发给秦亮的。

秦亮之所以最终会失去这个宝贵的机会,就是因为中了"糖衣炮弹"。王明对他的过分追捧和夸奖,让他逐渐迷失自己,飘飘然地把自己想成无所不能的英雄,以为一切成功与荣耀都是唾手可得的,从而松懈下来,白白把机会让给了别人。

刀剑能伤人于有形，甜美的称赞却能伤人于无形。正所谓"金无足赤，人无完人"，再优秀的人必然都有缺点和不足，如果一个人把你夸得天上有、地上无，你就得提高警惕了，越是甜蜜的糖果里头，或许正包着可怕的炮弹。

人有自信是好事，但若自信膨胀为自大，则无异于自取灭亡。就像哲人说的：人贵有自知之明。只有先知道自己站在哪里，拥有多少能耐，我们才可能一步一步、脚踏实地地向前方而行，站到更高更远的地方。